#영재_특목고대비
#최강심화문제_완벽대비

최강 TOT

Chunjae
Makes
Chunjae

▼

[최강 TOT] 초등 수학 2단계

기획총괄　　김안나
편집개발　　김정희, 김혜민, 최수정, 최경환
디자인총괄　김희정
표지디자인　윤순미, 여화경
내지디자인　박희춘
제작　　　　황성진, 조규영

발행일　　　2023년 10월 15일 2판 2024년 11월 1일 2쇄
발행인　　　(주)천재교육
주소　　　　서울시 금천구 가산로9길 54
신고번호　　제2001-000018호
고객센터　　1577-0902

최강

TOT

2단계

초등수학 2학년

구성과 특징

창의·융합, 창의·사고 문제,
코딩 수학 문제와 같은 새로운
문제를 풀어 봅니다.

STEP 1 경시 대비 문제

경시대회 및 영재교육원에 대비하는 문제의 유형을 뽑아 주제별로 알아볼 수 있도록 구성하였습니다.

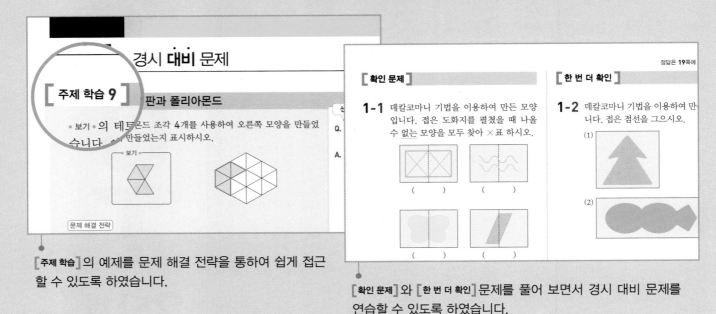

[주제 학습]의 예제를 문제 해결 전략을 통하여 쉽게 접근
할 수 있도록 하였습니다.

[확인 문제]와 [한 번 더 확인]문제를 풀어 보면서 경시 대비 문제를
연습할 수 있도록 하였습니다.

STEP 2 도전 경시 문제

경시대회 및 영재교육원에 대비할 수 있도록 다양한 유형의 문제를 수록하였고, 전략을 이용해 스스로 생각하여
문제를 해결할 수 있도록 구성하였습니다.

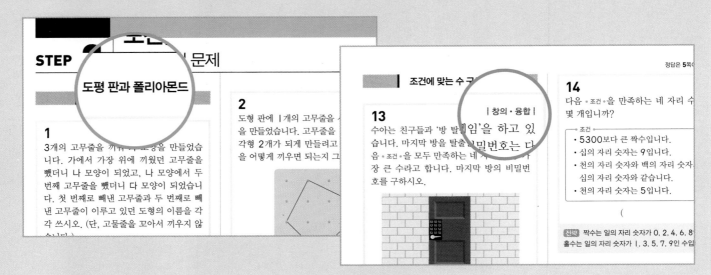

컴퓨터적 사고 기반을 접목하여 문제 해결을 위한 절차와 과정을 중심으로 코딩 유형 문제를 수록하였습니다.

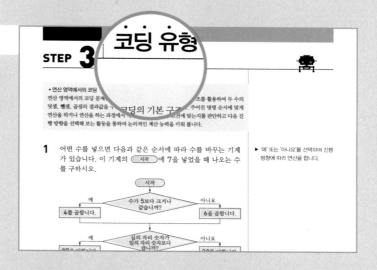

종합적 사고를 필요로 하는 문제들과 창의·사고 문제들을 수록하여 최상위 문제에 도전할 수 있도록 하였습니다.

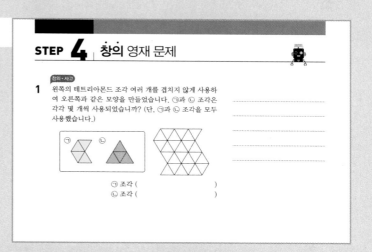

영재교육원, 올림피아드, 창의·융합형 문제를 학습하도록 하였습니다.

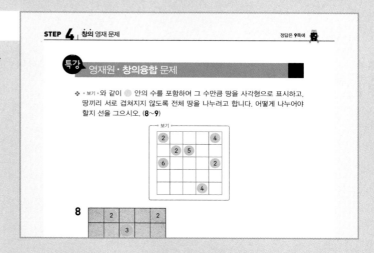

Contents | 차례

총 28개의 주제로
구성하였습니다.

I

수 영역

[주제 학습 1] 세 자리 수 문제 해결

수 배열표의 규칙을 찾아 빈칸에 알맞은 수를 써넣으시오.

550	560	570	580
650		670	
750	760		
850			880

선생님, 질문 있어요!

Q. 세 자리 수의 크기 비교는 어떻게 해야 하나요?

A. 백의 자리부터 비교하여 백의 자리 숫자가 큰 수가 더 큽니다. 백의 자리 숫자가 같으면 십의 자리 숫자를 비교하고, 백의 자리, 십의 자리 숫자가 같으면 일의 자리 숫자를 비교합니다.

수 배열표에서 규칙을 찾을 때에는 가로, 세로로 각각 몇씩 커지는지 살펴봐요.

문제 해결 전략

① 주어진 수 배열표에서 규칙 찾기
⬇ 방향: 아래로 한 칸씩 내려갈수록 수가 100씩 커집니다.
550 − 650 − 750 − 850
➡ 방향: 오른쪽으로 한 칸씩 갈수록 수가 10씩 커집니다.
550 − 560 − 570 − 580
② 빈칸에 알맞은 수 써넣기
수 배열표의 규칙에 맞게 빈칸에 알맞은 수를 써넣으면 위에서부터 660, 680, 770, 780, 860, 870입니다.

따라 풀기 1 수 배열표의 일부분입니다. 수 배열표의 규칙을 찾아 빈칸에 알맞은 수를 써 넣으시오.

327			357
427	437	447	
		557	

따라 풀기 2 다음 수 중 두 번째로 큰 수를 찾아 기호를 쓰시오.
(단, □ 안에는 1부터 9까지의 수가 들어갈 수 있습니다.)

| ㉠ 235 | ㉡ 3□1 | ㉢ 19□ | ㉣ 25□ |

(   )

[확인 문제]

1-1 가장 큰 수에 ○표, 두 번째로 작은 수에
△표 하시오.

489	391	741
820	430	357

[한 번 더 확인]

1-2 가장 큰 수에 ○표, 두 번째로 큰 수에
△표 하시오.

519	235	654
575	817	489

2-1 1부터 9까지의 수 중 □ 안에 들어갈
수 있는 수를 모두 구하시오.

230<□59<571

( )

2-2 1부터 9까지의 수 중 □ 안에 들어갈
수 있는 수의 합을 구하시오.

83+4□>130

( )

3-1 과일 한 개의 가격을 조사한 표입니다.
과일 가격은 모두 다르고 사과의 가격이
두 번째로 비싸다고 할 때 사과 한 개의
가격은 얼마입니까?

귤	사과	자두	배
86□원	8□5원	889원	9□0원

( )

3-2 서로 다른 주사위 3개를 던져서 나온 눈
의 수로 세 자리 수를 만들려고 합니다.
만들 수 있는 수 중에서 각 자리 숫자의
합이 15보다 큰 수는 모두 몇 가지입니
까?

( )

[주제 학습 2] 네 자리 수 문제 해결

네 자리 수를 • 보기 •와 같이 나타내시오.

┌─ 보기 ────────────────────┐
$2531 = 2000 + 500 + 30 + 1$
└────────────────────────────┘

(1) 8924_____

(2) 6905_____

문제 해결 전략

① (1)의 8924의 각 자리의 숫자가 나타내는 값 알아보기
  8924는 1000이 8, 100이 9, 10이 2, 1이 4인 수입니다.
② (1)의 8924를 • 보기 •와 같이 나타내기
  $8924 = 8000 + 900 + 20 + 4$
③ (2)의 6905의 각 자리의 숫자가 나타내는 값 알아보기
  6905는 1000이 6, 100이 9, 10이 0, 1이 5인 수입니다.
④ (2)의 6905를 • 보기 •와 같이 나타내기
  $6905 = 6000 + 900 + 5$

> 선생님, 질문 있어요!
>
> Q. 7571에서 숫자 7은 같은 수인가요?
>
> A. 7571에서 천의 자리 숫자 7은 7000을 나타내고, 십의 자리 숫자 7은 70을 나타내므로 숫자만 같을 뿐 나타내는 값은 다릅니다.

> 같은 숫자라도 어느 자리에 있는지에 따라 나타내는 값이 다릅니다.

따라 풀기 1 • 보기 •를 보고 ☐ 안에 알맞은 수를 써넣으시오.

┌─ 보기 ────────────────────┐
$4510 = 4000 + 500 + 10$
└────────────────────────────┘

$1215 = \boxed{} + 200 + \boxed{} + \boxed{}$

따라 풀기 2 숫자 7이 나타내는 값이 가장 큰 수를 찾아 ○표 하시오.

┌──┐
  726   6739   4271   7295   4897
└──┘

[확인 문제]

1-1 숫자 3이 나타내는 값이 300인 수를 모두 찾아 색칠하시오.

3412	9153	3948	9031
5963	6830	4359	7347
7312	6308	2153	5378
2038	4139	1234	6342

[한 번 더 확인]

1-2 수 배열표의 규칙을 찾아 빈칸에 알맞은 수를 써넣을 때 숫자 4가 나타내는 값이 4000인 수는 모두 몇 개입니까?

3200			3500	
4200				
		5400	5500	
	6300			

(   )

2-1 세 수의 크기를 비교하여 빈칸에 알맞은 수를 써넣으시오.

| 2539   1992   2580 |

| ___ | < | ___ | < | ___ |

2-2 가장 큰 수부터 차례대로 기호를 쓰시오.

┌─────────────────────────────────┐
│ ㉠ 천의 자리 숫자가 6인 네 자리 수 중 │
│   가장 큰 수   │
│ ㉡ 육천칠백구   │
│ ㉢ 1000이 6, 100이 7, 10이 8,   │
│   1이 2인 수   │
└─────────────────────────────────┘

(   )

3-1 1부터 9까지의 수 중 □ 안에 들어갈 수 있는 수를 모두 구하시오.

| 23□9 > 2351 |

(   )

3-2 1부터 9까지의 수 중 □ 안에 들어갈 수 있는 수들의 합을 구하시오.

| 8619 < 8□07 |

(   )

[주제 학습 3] 수 카드로 조건에 맞는 수 만들기

4장의 수 카드 중에서 3장을 골라 한 번씩만 사용하여 세 자리 수를 만들려고 합니다. 만들 수 있는 세 자리 수 중에서 530보다 큰 수는 모두 몇 개입니까?

| 9 | 3 | 5 | 0 |

(   )

선생님, 질문 있어요!

Q. 수 카드로 수를 만들 때 빠뜨리는 수가 없으려면 어떻게 해야 하나요?

A. 예를 들어 수 카드 5, 2, 1로 세 자리 수를 만든다고 하면

백 십 일

5 < (2 — 1) → 521
    (1 — 2) → 512

와 같이 백의 자리, 십의 자리, 일의 자리에 오는 숫자들을 한 번씩 써 가면 빠짐없이 구할 수 있습니다.

백의 자리에 5가 올 경우 십의 자리에는 3 또는 3보다 큰 숫자가 와야 하고 십의 자리에 3이 올 경우 일의 자리 숫자는 0보다 커야 해.

문제 해결 전략

① 만든 세 자리 수가 530보다 클 조건
　530보다 크려면 백의 자리에 5 또는 5보다 큰 숫자를 놓아야 합니다.

② 백의 자리 숫자가 5인 경우　　　③ 백의 자리 숫자가 9인 경우

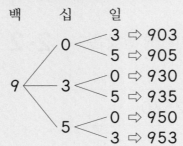

백　　십　　　일
　　　3 ── 9 ⇨ 539
5 <
　　　9 < 0 ⇨ 590
　　　　　 3 ⇨ 593

백　　　십　　　일
　　　　　 3 ⇨ 903
　　　0 <
　　　　　 5 ⇨ 905
　　　　　 0 ⇨ 930
9 ── 3 <
　　　　　 5 ⇨ 935
　　　　　 0 ⇨ 950
　　　5 <
　　　　　 3 ⇨ 953

④ 530보다 큰 수의 개수
　만들 수 있는 세 자리 수 중 530보다 큰 세 자리 수는 539, 590, 593, 903, 905, 930, 935, 950, 953으로 모두 9개입니다.

따라 풀기 1

수 카드 중에서 2장을 골라 한 번씩만 사용하여 두 자리 수를 만들려고 합니다. 만들 수 있는 두 자리 수 중에서 58보다 큰 수는 모두 몇 개입니까?

| 5 | 2 | 8 | 9 |

(   )

[확인 문제]

1-1 수 카드를 한 번씩 모두 사용하여 세 자리 수를 만들려고 합니다. 만들 수 있는 가장 큰 수를 구하시오.

| 4 | 2 | 7 |

( )

2-1 수 카드 | 3 |, | 4 |, | 0 |, | 2 | 중에서 3장을 골라 한 번씩만 사용하여 세 자리 수를 만들려고 합니다. 만들 수 있는 세 자리 수 중에서 385보다 작은 수는 모두 몇 개입니까?

( )

3-1 4장의 수 카드를 한 번씩 모두 사용하여 만들 수 있는 네 자리 수는 모두 몇 개입니까?

| 0 | 1 | 2 | 4 |

( )

[한 번 더 확인]

1-2 수 카드를 한 번씩 모두 사용하여 네 자리 수를 만들려고 합니다. 만들 수 있는 네 자리 수 중에서 다섯 번째로 큰 수를 구하시오.

| 3 | 0 | 6 | 1 |

( )

2-2 수 카드를 한 번씩 모두 사용하여 만들 수 있는 네 자리 수 중에서 2000보다 작은 수는 모두 몇 개입니까?

| 1 | 0 | 2 | 8 |

( )

3-2 수 카드를 한 번씩 모두 사용하여 네 자리 수를 만들려고 합니다. 만들 수 있는 가장 큰 수와 두 번째로 큰 수 사이에 있는 수는 모두 몇 개입니까?

| 6 | 4 | 2 | 5 |

( )

[주제 학습 4] 조건에 맞는 수 구하기

다음 • 조건 • 을 만족하는 세 자리 수를 모두 구하시오.

┌─ 조건 ●────────────────────
• **600**보다 크고 **800**보다 작습니다.
• 십의 자리 숫자는 한 자리 수 중 가장 큰 수입니다.
• 백의 자리 숫자와 일의 자리 숫자의 합은 **8**입니다.
└──────────────────────────

(   )

> **선생님, 질문 있어요!**
>
> **Q.** 조건에 맞는 수를 구할 때, 주어진 조건의 순서에 따라 풀어야 하나요?
>
> **A.** 조건의 순서가 반드시 문제 해결의 순서와 같지는 않습니다. 주어진 조건들을 모두 읽어 본 후, 가장 먼저 해결할 수 있는 조건부터 해결해 나갑니다.

[문제 해결 전략]

① 백의 자리 숫자 구하기
    600보다 크고 800보다 작으므로 백의 자리 숫자는 6, 7입니다.
② 십의 자리 숫자 구하기
    한 자리 수 중 가장 큰 수는 9이므로 세 자리 수는 69□, 79△입니다.
③ • 조건 • 을 만족하는 세 자리 수 구하기
    69□에서 6+□=8이므로 □=2입니다.
    79△에서 7+△=8이므로 △=1입니다.
    따라서 • 조건 • 을 만족하는 세 자리 수는 692, 791입니다.

> [참고]
>
> 세 자리 수 중 ■00보다 크고 ▲00보다 작은 수의 백의 자리 숫자에 ▲는 포함되지 않습니다.

다음 • 조건 • 을 만족하는 네 자리 수를 모두 구하시오.

┌─ 조건 ●────────────────────
• 천의 자리 숫자는 홀수입니다.
• 십의 자리 숫자와 일의 자리 숫자의 합은 **8**입니다.
• 각 자리의 숫자의 합은 **12**입니다.
• 일의 자리 숫자는 **8**입니다.
└──────────────────────────

(   )

[확인 문제]

1-1 다음 •조건•을 만족하는 세 자리 수를 모두 구하시오.

> ── 조건 ──
> • 백의 자리 숫자는 일의 자리 숫자보다 7 큽니다.
> • 일의 자리 숫자는 십의 자리 숫자보다 4 작습니다.

(   )

2-1 다음 •조건•을 만족하는 세 자리 수는 모두 몇 개입니까?

> ── 조건 ──
> • 일의 자리 숫자와 십의 자리 숫자의 곱은 24입니다.
> • 각 자리 숫자의 합은 16입니다.

(   )

3-1 다음 •조건•을 만족하는 네 자리 수를 모두 구하시오.

> ── 조건 ──
> • 2000보다 크고 4000보다 작습니다.
> • 백의 자리 숫자는 한 자리 수 중 가장 큰 수입니다.
> • 십의 자리 숫자는 백의 자리 숫자보다 3 작습니다.
> • 각 자리 숫자의 합은 20입니다.

(   )

[한 번 더 확인]

1-2 다음 •조건•을 만족하는 세 자리 수를 모두 구하시오.

> ── 조건 ──
> • 십의 자리 숫자는 0입니다.
> • 각 자리 숫자의 합은 15입니다.
> • 백의 자리 숫자는 일의 자리 숫자보다 작습니다.

(   )

2-2 다음 •조건•을 만족하는 세 자리 수를 모두 구하시오.

> ── 조건 ──
> • 백의 자리 숫자와 일의 자리 숫자의 곱은 45입니다.
> • 백의 자리 숫자와 십의 자리 숫자의 합은 9입니다.

(   )

3-2 준희네 교실의 비밀번호는 다음 •조건•을 만족하는 네 자리 수라고 합니다. 준희네 교실의 비밀번호를 구하시오.

> ── 조건 ──
> • 3000보다 작습니다.
> • 천의 자리 숫자와 십의 자리 숫자는 같습니다.
> • 십의 자리 숫자와 일의 자리 숫자의 곱은 12입니다.
> • 각 자리 숫자의 합은 14입니다.

(   )

I
수
영
역

세 자리 수 문제 해결

1

□ 안에 알맞은 수를 써넣으시오.

100이 □
10이 34 이면 7□2입니다.
1이 2

전략 10이 34인 수는 100이 3, 10이 4인 수와 같습니다.

3

|창의·융합|

어떤 수를 말했을 때 30을 나타내는 숫자 3이 있으면 손뼉을 한 번 치는 놀이를 하려고 합니다. 100부터 300까지의 수를 차례대로 말할 때 손뼉을 모두 몇 번 치겠습니까?

(   )

전략 숫자 3이 어느 자리에 있어야 30을 나타내는지 생각해 봅니다.

2

세 자리 수의 크기 비교를 한 것입니다. ⊙과 ⓒ에 알맞은 수의 곱을 구하시오.

⊙76<208<20ⓒ

(   )

전략 높은 자리의 숫자가 클수록 큰 수이므로 백의 자리 숫자부터 차례로 비교합니다.

4

1부터 9까지의 수 중에서 □ 안에 공통으로 들어갈 수 있는 수들의 합을 구하시오.

· 5□2<551
· 280<□69<482

(   )

전략 백의 자리 숫자부터 차례대로 비교하여 □ 안에 들어갈 수 있는 수를 구합니다.

네 자리 수 문제 해결

5

다음 수들을 •기준•에 따라 알맞은 모양으로 표시하시오.

┌─• 기준 •─────────────────────┐
│ • 숫자 5가 50을 나타내는 수 → ○ │
│ • 숫자 1이 1000을 나타내는 수 → △ │
│ • 숫자 6이 600을 나타내는 수 → □ │
└──────────────────────────────┘

3252	2560	4222
4678	9662	1263
7500	2854	3882
1500	1460	1333

전략 숫자 5, 1, 6이 나타내는 값을 각각 알아봅니다.

6

네 자리 수의 크기 비교를 한 것입니다. 0부터 9까지의 수 중 ㉠, ㉡에 들어갈 수 있는 수로 두 자리 수 ㉠㉡을 만들 때 만들 수 있는 가장 큰 수를 구하시오.

┌──────────────────────┐
│   7㉠58 < 76㉡2   │
└──────────────────────┘

(   )

전략 ㉠과 ㉡에 들어갈 수 있는 가장 큰 수로 두 자리 수 ㉠㉡을 만듭니다.

7

서로 다른 주사위 4개를 던져서 나온 눈의 수로 네 자리 수를 만들려고 합니다. 각 자리 숫자의 합이 22보다 큰 네 자리 수는 모두 몇 개입니까?

(   )

전략 서로 다른 주사위 4개를 던져 모두 6이 나오면 각 자리 숫자의 합은 24입니다.

8

7000보다 크고 8000보다 작은 네 자리 수 중에서 백의 자리 숫자가 십의 자리 숫자의 2배이고, 일의 자리 숫자가 홀수인 수는 모두 몇 개입니까?

(단, 각 자리의 숫자는 0이 아닙니다.)

(   )

전략 십의 자리 숫자가 1, 2, 3, 4일 때 백의 자리 숫자는 2, 4, 6, 8이 됩니다.

수 카드로 조건에 맞는 수 만들기

9

수 카드 5장 중 2장을 골라 한 번씩만 사용하여 두 자리 수를 만들려고 합니다. 만들 수 있는 수 중에서 35보다 크고 85보다 작은 수는 모두 몇 개입니까?

8 2 7 4 0

(   )

전략 십의 자리에 놓을 수 있는 수 카드는 4 , 7 , 8 입니다.

10

수 카드 4장을 한 번씩 모두 사용하여 네 자리 수를 만들려고 합니다. 십의 자리 숫자가 6인 네 자리 수 중 두 번째로 작은 수를 구하시오.

5 3 6 8

(   )

전략 십의 자리 숫자가 6이므로 나머지 자리에 놓을 수 있는 숫자 카드는 3 , 5 , 8 입니다.

11

수 카드 4장 중 3장을 골라 한 번씩만 사용하여 세 자리 수를 만들려고 합니다. 만들 수 있는 세 자리 수 중에서 300보다 크고 500보다 작은 수는 모두 몇 개입니까?

4 2 0 3

(   )

전략 먼저 백의 자리에 놓을 수 있는 수 카드부터 생각해 봅니다.

12

1부터 9까지의 수 카드 중 서로 다른 3장의 수 카드를 뽑았습니다. 3장의 수 카드로 만들 수 있는 두 자리 수 중에서 두 번째로 작은 수는 68입니다. 3장의 수 카드를 모두 구하시오.

(   )

전략 3장의 수 카드를 6 , 8 , ? 라고 생각하여 두 자리 수를 만들어 봅니다.

조건에 맞는 수 구하기

13

│ 창의·융합 │

수아는 친구들과 '방 탈출 게임'을 하고 있습니다. 마지막 방을 탈출할 비밀번호는 다음 • 조건 •을 모두 만족하는 네 자리 수 중 가장 큰 수라고 합니다. 마지막 방의 비밀번호를 구하시오.

──● 조건 ●──
- 천의 자리 숫자와 일의 자리 숫자의 곱은 36입니다.
- 십의 자리 숫자에 어떤 수를 곱해도 0이 됩니다.
- 천의 자리 숫자와 일의 자리 숫자의 차는 5입니다.
- 각 자리 숫자의 합은 15입니다.

(   )

전략 Ⅰ×0=0, 2×0=0……과 같이 0에 어떤 수를 곱해도 그 결과가 0이 됩니다.

14

다음 • 조건 •을 만족하는 네 자리 수는 모두 몇 개입니까?

──● 조건 ●──
- 5300보다 큰 짝수입니다.
- 십의 자리 숫자는 9입니다.
- 천의 자리 숫자와 백의 자리 숫자의 합은 십의 자리 숫자와 같습니다.
- 천의 자리 숫자는 5입니다.

(   )

전략 짝수는 일의 자리 숫자가 0, 2, 4, 6, 8인 수이고, 홀수는 일의 자리 숫자가 Ⅰ, 3, 5, 7, 9인 수입니다.

15

│ 창의·사고 │

●, ▲, ■는 서로 다른 숫자입니다. 다음 두 식을 동시에 만족하는 (●, ▲, ■)로 만들 수 있는 세 자리 수 ●▲■는 모두 몇 가지입니까?

- ● + ■ = 7
- ▲ × ■ = 6

(   )

전략 ▲×■=6인 ▲와 ■를 먼저 구하고 ●+■=7을 만족하는 ●를 구합니다.

| 고대의 수 |

16

| 창의 · 융합 |

다음은 고대 이집트 숫자를 나타낸 것입니다. 물음에 답하시오.

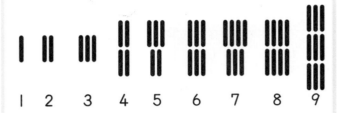

(1) 주어진 이집트 숫자를 ●보기●와 같이 수로 나타내시오.

보기

$\Rightarrow 300+10+2=312$

( )

(2) 415를 고대 이집트 숫자로 나타내시오.

전략 백의 자리, 십의 자리, 일의 자리 수가 나타내는 숫자를 고대 이집트의 수에서 각각 찾아봅니다.

17

다음은 고대 로마 숫자를 나타낸 것입니다. 물음에 답하시오.

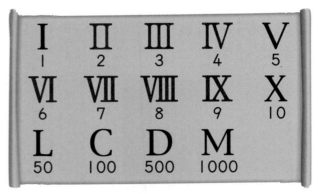

(1) 주어진 고대 로마 숫자를 ●보기●와 같이 수로 나타내시오.

보기

M C VIII ⇨ 1000+100+8
=1108

MDXII

( )

(2) 다음 수를 고대 로마 숫자로 나타내시오.

1053

( )

전략 (1) 고대 로마 숫자의 각 자릿값에 해당하는 수를 찾아봅니다.
(2) 백의 자리 숫자가 0이므로 백의 자리를 나타내는 수는 쓰지 않습니다.

생활 속 수학

18

민영이는 저금통에 꾸준히 저금을 하였습니다. 4개월 동안 모은 저금통을 열어 보니 1000원짜리 지폐 2장, 100원짜리 동전 53개, 50원짜리 동전 4개가 들어 있었습니다. 민영이가 모은 돈은 모두 얼마입니까?

(   )

전략 100원짜리 동전이 10개이면 1000원이고 50원짜리 동전 2개이면 100원입니다.

19

윤지의 지갑에는 1000원짜리 지폐 4장, 100원짜리 동전 8개, 10원짜리 동전 3개가 있었습니다. 문구점에서 학용품을 사고 나니 1000원짜리 지폐 1장과 100원짜리 동전 5개가 남았습니다. 윤지가 산 학용품 값은 얼마입니까?

(   )

전략 처음에 가지고 있던 지폐와 동전의 수에서 남은 지폐와 동전의 수를 빼면 학용품값이 됩니다.

20

고은이가 사고 싶은 책의 가격은 5800원입니다. 고은이는 지금까지 2000원을 모았습니다. 1주일에 1000원씩 모은다면 책을 사기 위해서 몇 주일을 모아야 합니까?

(   )

전략 돈을 1000원씩 모을 때, 5800원짜리 책을 사기 위해서는 6000원이 필요합니다.

21

하늘이네 반 학생 12명이 학급비로 9000원을 걷기로 하였습니다. 한 명당 500원씩 내면 모자라는 돈은 얼마입니까?

(   )

전략 한 명당 500원씩 12명이 내는 것이므로 500씩 12번 뛰어 세는 것과 같습니다.

> *수학 코딩 문제: 수학에서의 코딩 문제는 컴퓨터적 사고 기반을 이용하여 푸는 수학 문제라고 할 수 있습니다. 수학 코딩 문제는 크게 **3**가지 유형으로 분류합니다.
> 1) 순차형 문제: 반복없이 순차적으로 진행하는 문제. 직선형이라고 불립니다.
> 2) 반복형 문제: 순차형 문제가 여러 번 반복되는 문제
> 3) 선택형 문제: 순차적으로 진행하는 과정에서 조건이 주어지는 문제
>
> *수 영역에서의 코딩
> 수 영역에서의 코딩 문제는 규칙에 따라 변화하는 수를 찾는 유형입니다. 이동 방향에 따라 100이나 1000씩 뛰어 세기, 수의 자릿값 변화 등을 알아보고 명령어를 익혀 코딩 문제 해결에 자신감을 가져 봅니다.

1 다음과 같이 단계에 따라 수를 바꾸는 기계가 있습니다. 3587을 넣은 후에 나오는 수를 구하시오.

▶ 단계마다 주어진 조건에 맞는 수를 정확하게 구하고 다음 단계로 넘어갑니다.

단계 1 백의 자리 숫자가 짝수이면 100 큰 수, 홀수이면 100 작은 수를 보냅니다.

단계 2 천의 자리 숫자가 일의 자리 숫자보다 작으면 두 숫자의 자리를 바꾸어 보내고, 그렇지 않으면 그대로 보냅니다.

단계 3 단계 2에서 온 수보다 1000 작은 수를 밖으로 내보냅니다.

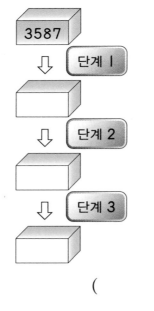

(   )

2 •규칙•에 따라 움직였을 때 ◆에 들어갈 수를 구하시오.

▶ 화살표 방향에 따라 이동하면서 주어진 규칙을 적용합니다.

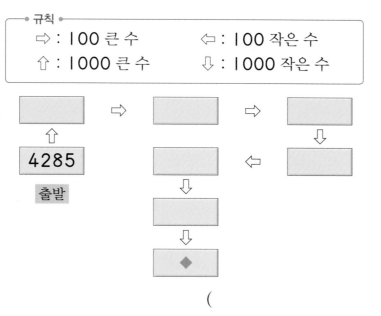

•규칙•
⇨ : 100 큰 수   ⇦ : 100 작은 수
⇧ : 1000 큰 수   ⇩ : 1000 작은 수

(   )

3 •규칙•에 따라 움직이면서 한 칸 갈 때마다 수가 100씩 커집니다. 150에서 → 방향으로 움직였을 때 도착하는 곳의 번호를 쓰고 그때의 수를 구하시오.

▶ 시계 방향 또는 시계 반대 방향으로 돈 다음 진행 방향에 주의하여 움직입니다.

•규칙•
▭⇨ : 진행 방향으로 한 칸
⤳ : 시계 방향으로 반의 반 바퀴만큼 돌고 앞으로 한 칸
⤺ : 시계 반대 방향으로 반의 반 바퀴만큼 돌고 앞으로 한 칸

150 ▭⇨	▭⇨	▭⇨	⤳	⤳
	▭⇨	▭⇨	▭⇨	▭⇨
	⤺	⤺	▭⇨	⤳
	▭⇨	▭⇨	⤺	⤳
	①	②	③	④

(   ), (   )

1 준수, 준형, 지욱이가 1부터 9까지의 9장의 수 카드를 3장씩 나누어 가졌습니다. 각자 가져간 수 카드로 세 자리 수를 만든 다음 ♥ 모양으로 한 자리씩 가렸습니다. 만든 수가 큰 순서대로 이름을 쓰시오.

(   )

창의 · 융합

2 다음은 휴대전화기의 번호판입니다. 250부터 300까지의 수를 차례대로 누를 때 숫자 9는 모두 몇 번 누르게 됩니까?

1	2	3
4	5	6
7	8	9
*	0	#

(   )

3 수 카드 중 3장을 골라 한 번씩만 사용하여 세 자리 수를 만들려고 합니다. 만든 세 자리 수 중에서 짝수이면서 각 자리 숫자의 합이 9인 수를 모두 구하시오.

| 0 | 7 | 2 | 4 |

( )

4 주머니에 1부터 6까지의 수가 적힌 공이 6개 들어 있습니다. 공을 하나씩 꺼내서 숫자를 쓴 후 다시 주머니에 넣으면서 네 자리 수를 만들려고 합니다. 만들 수 있는 네 자리 수 중 다음 •조건•을 만족하는 수는 모두 몇 개입니까?

—• 조건 •—
• 천의 자리 숫자와 일의 자리 숫자의 곱은 20입니다.
• 각 자리 숫자의 합은 17입니다.

( )

5 수 카드 6 , 4 , 3 , 9 , 5 가 책상 위에 한 장씩 놓여 있습니다. 혜영이는 책상 위에 있는 수 카드와 같은 수가 적힌 카드를 한 장 더 가지고 있습니다. 이 6장의 수 카드 중 3장을 골라 한 번씩만 사용하여 세 자리 수를 만들려고 합니다. 만들 수 있는 가장 큰 수가 965이고 가장 작은 수가 345라면 만들 수 있는 세 자리 수 중에서 다섯 번째로 큰 수는 얼마입니까?

(   )

창의·융합

6 고대 바빌로니아 사람들은 다음과 같이 수를 나타냈다고 합니다. 다음 고대 바빌로니아 수가 나타내는 두 수의 합은 얼마인지 수로 나타내시오.

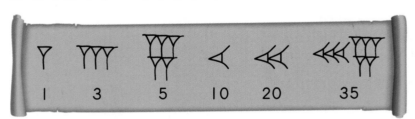

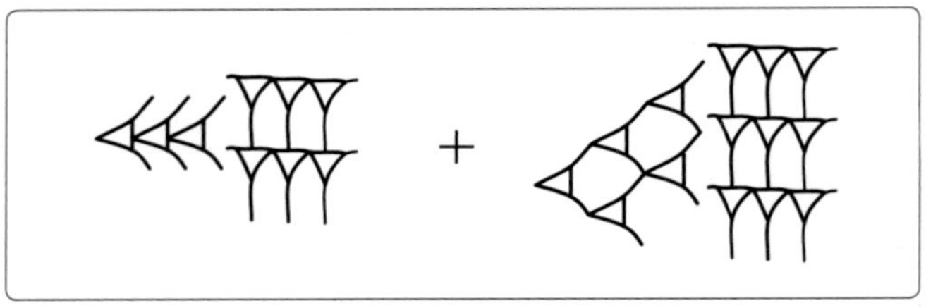

(   )

7 주어진 동물이 나타내는 •단서•를 이용하여 •보기•와 같이 세 자리 수를 구하려고 합니다. 동물이 나열된 것을 보고 •단서•를 이용하여 각 자리의 숫자가 모두 다른 세 자리 수를 빈 곳에 써넣으시오.

• 단서 •

① : 그 자리에 적힌 숫자보다 더 큰 숫자가 필요합니다.

② : 그 자리에 적힌 숫자보다 더 작은 숫자가 필요합니다.

③ : 그 자리에 적힌 숫자가 맞습니다.

• 보기 •

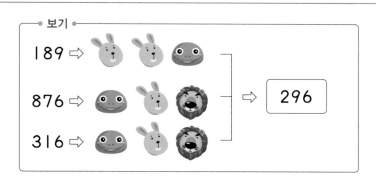

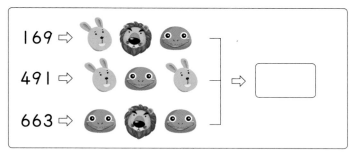

영재원·**창의융합** 문제

❖ •보기•와 같이 ⬤ 안의 수를 포함하여 그 수만큼 땅을 사각형으로 표시하고,
땅끼리 서로 겹쳐지지 않도록 전체 땅을 나누려고 합니다. 어떻게 나누어야
할지 선을 그으시오. (**8**~**9**)

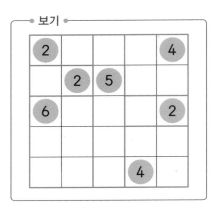

8

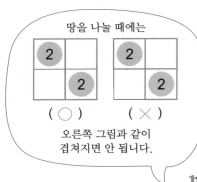

9

II
연산 영역

| 주제 구성 |

[**주제 학습 5**] **덧셈, 뺄셈, 곱셈 연산표**

다음은 곱셈 연산표입니다. 빈칸에 알맞은 수를 써넣으시오.

×	6	7	9
3	18		
5			45
7		49	

선생님, 질문 있어요!

Q. 연산표에서 2개의 연산이 나올 경우는 어떻게 계산하나요?

A. 연산표의 가로 방향과 세로 방향이 각각 어떤 연산인지 확인한 후, 방향에 따라 알맞은 연산을 합니다.

곱셈 연산표(곱셈표)는 가장 왼쪽 세로줄의 수와 가장 위쪽 가로줄의 수를 곱해서 결과를 구해요.

문제 해결 전략

① 첫 번째 가로줄의 빈칸에 알맞은 수 구하기
   3의 단 곱셈구구 중 3×7=21, 3×9=27입니다.
② 두 번째 가로줄의 빈칸에 알맞은 수 구하기
   5의 단 곱셈구구 중 5×6=30, 5×7=35입니다.
③ 세 번째 가로줄의 빈칸에 알맞은 수 구하기
   7의 단 곱셈구구 중 7×6=42, 7×9=63입니다.

따라 풀기 ① 다음은 곱셈 연산표입니다. 빈칸에 알맞은 수를 써넣으시오.

×	5	6	8
2	10		
3		18	24
9			

따라 풀기 ② 다음은 곱셈 연산표입니다. 빈칸에 알맞은 수를 써넣으시오.

×	6	3	4
9		27	
	24		16
7		21	28

[**확인 문제**]

1-1 빈칸에 알맞은 수를 써넣으시오.

$+$ →

57	34	
	17	59
15		

($-$ ↓)

2-1 빈칸에 알맞은 수를 써넣으시오.

$+$ →

6	9	
18	72	

($\times$ ↓)

3-1 사다리를 타면서 계산하여 빈칸에 알맞은 수를 써넣으시오.

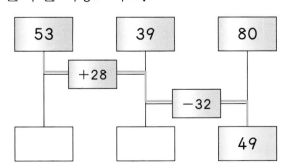

*사다리를 타는 방법: 위에서 아래로 선을 따라 이동하다가 가로선이 나오면 그 방향으로 꺾으면서 내려갑니다. 53에서 출발하면 53+28−32가 되어 도착점에서의 수는 53+28=81, 81−32=49가 됩니다.

[**한 번 더 확인**]

1-2 ㉠과 ㉡에 알맞은 수의 합을 구하시오.

$-$ →

㉠	8	18
47	㉡	19
73	36	

($+$ ↓)

(   )

2-2 빈칸에 알맞은 수를 써넣으시오.

$\times$ →

	4	32
	3	
2	1	

($-$ ↓)

3-2 사다리를 타면서 계산하여 빈칸에 알맞은 수를 써넣으시오.

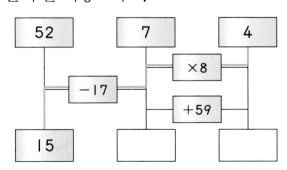

[주제 학습 6] 수 카드로 식 만들기

수 카드 3 , 5 , 0 , 8 을 한 번씩 모두 사용하여 두 자리 수를 2개 만들려고 합니다. 만든 두 수의 합이 가장 큰 경우와 가장 작은 경우를 각각 구하시오.

합이 가장 큰 경우 (   )

합이 가장 작은 경우 (   )

문제 해결 전략

① 합이 가장 큰 경우

합을 가장 크게 만들기 위해서는 십의 자리에 큰 숫자를 놓고 일의 자리에 작은 숫자를 놓으면 됩니다.

$$
\begin{array}{r} 83 \\ +\ 50 \\ \hline 133 \end{array}
\quad 또는 \quad
\begin{array}{r} 80 \\ +\ 53 \\ \hline 133 \end{array}
$$

② 합이 가장 작은 경우

합을 가장 작게 만들기 위해서는 십의 자리 숫자에 작은 숫자를 놓고 일의 자리에 큰 숫자를 놓습니다.

$$
\begin{array}{r} 38 \\ +50 \\ \hline 88 \end{array}
\quad 또는 \quad
\begin{array}{r} 30 \\ +58 \\ \hline 88 \end{array}
$$

선생님, 질문 있어요!

Q. 두 수의 차가 가장 크려면 어떻게 해야 하나요?

A. 두 수의 차가 가장 크려면 가장 큰 수에서 가장 작은 수를 뺍니다.

두 자리 수를 만들 때, 십의 자리에 0은 올 수 없어요.

따라 풀기 1 수 카드를 한 번씩 모두 사용하여 두 자리 수를 2개 만들려고 합니다. 만든 두 수의 합이 가장 클 때의 값을 구하시오.

4 5 7 9

(   )

따라 풀기 2 수 카드를 한 번씩 모두 사용하여 두 자리 수를 2개 만들려고 합니다. 만든 두 수의 차가 가장 작을 때의 차를 구하시오.

2 3 6 8

(   )

[확인 문제]

1-1 수 카드를 한 번씩 모두 사용하여 두 수의 합이 가장 클 때와 가장 작을 때의 덧셈식을 각각 만들고 계산하시오.

(1) 합이 가장 클 때

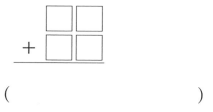

(   )

(2) 합이 가장 작을 때

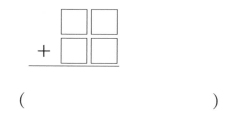

(   )

[한 번 더 확인]

1-2 수 카드를 한 번씩 모두 사용하여 두 수의 차가 가장 클 때와 가장 작을 때의 뺄셈식을 각각 만들고 계산하시오.

| 0 | 3 | 5 | 9 |

(1) 차가 가장 클 때

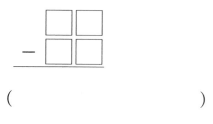

(   )

(2) 차가 가장 작을 때

(   )

2-1 □ 안에 수 카드 2, 3, 5 를 한 번씩 모두 넣어 다음 식을 계산하려고 합니다. 계산 결과가 가장 클 때의 값을 구하시오.

$$6 - \square + \square\square$$

(   )

2-2 □ 안에 수 카드 2, 5, 8 을 한 번씩 모두 넣어 다음 식을 계산하려고 합니다. 계산 결과가 가장 작을 때의 값을 구하시오.

$$4\square + \square - \square$$

(   )

II 연산 영역

[주제 학습 **7**] 등식 완성하기

등식이 성립하도록 ○ 안에 +, −를 알맞게 써넣으시오.

$$35 \bigcirc 29 \bigcirc 42 = 22$$

선생님, 질문 있어요!

Q. 등식이 성립하도록 부호를 써넣는 방법은 한 가지만 있나요?

A. 등식에 따라 여러 가지 방법으로 해결할 수 있습니다.
$10+8-6-4-2=6$
$10-8+6-4+2=6$
과 같이 부호를 넣는 위치에 따라 식은 달라지지만 계산 결과는 같습니다.

참고
등호는 두 식 또는 두 수가 같음을 나타내는 부호 '='를 이르는 말이고, 등식은 등호를 포함한 식입니다.

문제 해결 전략

① ○ 안에 +, + 넣기
$35+29+42=64+42=106$ (×)

② ○ 안에 −, − 넣기
$35-29-42=6-42$ ⇨ 계산할 수 없습니다.

③ ○ 안에 차례로 −, + 넣기
$35-29+42=6+42=48$ (×)

④ ○ 안에 차례로 +, − 넣기
$35+29-42=64-42=22$ (○)

따라서 등식이 성립하려면 ○ 안에 +, −를 차례로 넣으면 됩니다.

등식은 둘 이상의 수나 식의 값이 서로 같다는 것을 식으로 나타낸 것을 말해요.

따라 풀기 1 등식이 성립하도록 ○ 안에 +, −를 알맞게 써넣으시오.

(1) $22 \bigcirc 14 \bigcirc 37 = 45$

(2) $51 \bigcirc 25 \bigcirc 18 = 58$

따라 풀기 2 등식이 성립하도록 □ 안에 18, 19, 20을 한 번씩만 써넣으시오.

$$21 - \boxed{} + \boxed{} = \boxed{}$$

[**확인 문제**]

1-1 등식이 성립하도록 필요 없는 부분을 찾아 ⌒ 로 표시하시오.

$$65-21+38+14=117$$

2-1 등식이 성립하도록 주어진 네 개의 수 중에서 세 개를 골라 ☐ 안에 써넣으시오.

38	51	29	45

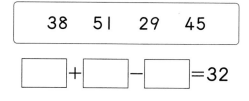

$$\boxed{}+\boxed{}-\boxed{}=32$$

3-1 등식이 성립하도록 •보기•와 같이 ○ 안에 +, −, ×를 알맞게 써넣으시오.
(단, ×와 +, −가 함께 있으면 ×를 먼저 계산합니다.)

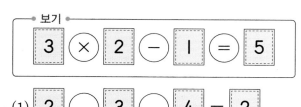

┌─ •보기• ─────────────────┐
│ 3 × 2 − 1 = 5   │
└────────────────────────┘

(1) 2 ○ 3 ○ 4 = 2

(2) 3 ○ 3 ○ 4 = 13

[**한 번 더 확인**]

1-2 등식이 성립하도록 필요 없는 부분을 찾아 ⌒ 로 표시하시오.

$$28+10+43=38$$

2-2 등식이 성립하도록 ○ 안에 +, −를 알맞게 써넣으시오.

$$5\bigcirc4\bigcirc3\bigcirc2\bigcirc1=3$$

3-2 등식이 성립하도록 빈칸에 알맞은 숫자를 써넣으시오.

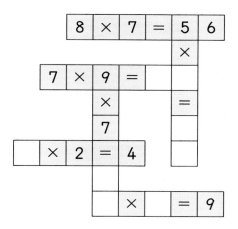

[주제 학습 8] 벌레 먹은 셈

다음은 재민이가 쓴 일기입니다. 종이가 물에 젖어 숫자가 보이지 않는 부분이 있습니다. ㉠과 ㉡에 알맞은 숫자를 각각 구하시오.

> ○월 ○일 날씨: 흐림
>
> 오늘 학교에서 책을 많이 읽었다고 선생님께 칭찬을 받았다. 내가 올해 읽은 책은 도서관에서 빌린 책 ㉡5권, 어머니께서 사 주신 책 29권으로 모두 8㉠권이다.
> 앞으로도 꾸준하게 책 읽는 습관을 길러서 내년 1년 동안에는 100권을 읽어 보고 싶다.

㉠ (   ), ㉡ (   )

문제 해결 전략

① 세로셈으로 나타내기

재민이의 일기에 나온 수들을 세로셈으로 나타내면
$$\begin{array}{r} ㉡5 \\ +\,29 \\ \hline 8㉠ \end{array}$$
입니다.

② ㉠과 ㉡의 값 구하기

5+9=14이므로 ㉠=4입니다.
일의 자리에서 받아올림을 하였으므로 1+㉡+2=8, ㉡=8-3, ㉡=5입니다.

따라 풀기 1

세로셈에서 숫자 2개가 얼룩이 져서 보이지 않습니다. ㉠과 ㉡에 알맞은 숫자를 각각 구하시오.

$$\begin{array}{r} 1㉠2 \\ -\,2㉡ \\ \hline 114 \end{array}$$

㉠ (   )
㉡ (   )

［확인 문제 ］

1-1 덧셈식에 얼룩이 묻어 다음과 같이 숫자
가 보이지 않습니다. ㉠과 ㉡에 알맞은
숫자를 각각 구하시오.

㉠ (   )

㉡ (   )

2-1 □ 안에 숫자 2, 5, 8, 9를 모두 한 번
씩 써넣어 다음 뺄셈식을 완성하려고 합
니다. ㉠에 알맞은 수를 구하시오.

$$
\begin{array}{r}
\boxed{}\boxed{} \\
-\ 3\ \boxed{} \\
\hline
\boxed{㉠}\ 4 \\
\end{array}
$$

(   )

3-1 □ 안에 알맞은 수를 써넣으시오.

$$
\begin{array}{r}
\boxed{}\ 4 \\
+\ 8\ 6 \\
\hline
1\ 2\ \boxed{} \\
\end{array}
$$

［한 번 더 확인 ］

1-2 □ 안에 숫자 2, 3, 5, 7을 한 번씩만
써넣어 덧셈식을 완성하시오.

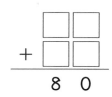

2-2 □ 안에 숫자 3, 4, 6, 9를 모두 한 번씩
써넣어 다음 뺄셈식을 완성하시오.

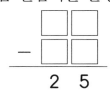

3-2 □ 안에 알맞은 수를 써넣으시오.

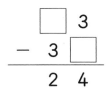

덧셈, 뺄셈, 곱셈 연산표

1

한 자리 수의 곱셈표의 빈칸에 알맞은 수를 써넣으시오.

×		6	
4	32		
		36	
9			63

전략 가장 왼쪽 세로 줄에 있는 수와 가장 위쪽 가로 줄에 있는 수를 곱하여 곱셈표를 완성합니다.

2

빈칸에 알맞은 수를 써넣으시오.

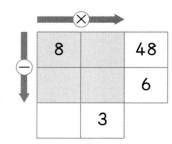

전략 뺄셈과 곱셈 연산을 동시에 만족하는 두 수를 찾아 봅니다.

3

•보기•와 같이 ⬡ 안에 있는 두 수를 계산하여 ☐ 안에 써넣으시오.

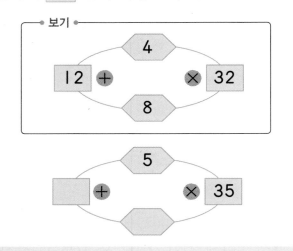

전략 덧셈과 곱셈 연산을 동시에 만족하는 두 수를 찾아 봅니다.

4

가로와 세로 방향으로 같은 줄에 있는 두 수의 합과 차를 구하려고 합니다. ○ 안에는 두 수의 합, △ 안에는 두 수의 차를 각각 써넣으시오.

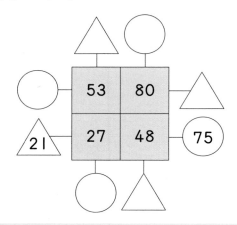

전략 받아올림과 받아내림에 주의하여 계산합니다.

수 카드로 식 만들기

5

수 카드 3, 6, 2, 8 을 한 번씩 모두 사용하여 두 자리 수를 2개 만들려고 합니다. 만든 두 수의 합이 가장 클 때의 값을 구하시오.

( )

전략 두 자리 수의 합이 가장 크려면 십의 자리에는 큰 숫자를, 일의 자리에는 작은 숫자를 놓습니다.

6

수 카드 4, 9, 1, 7 을 한 번씩 모두 사용하여 두 자리 수를 2개 만들려고 합니다. 만든 두 수의 차가 가장 작을 때의 값을 구하시오.

( )

전략 두 자리 수의 차가 가장 작으려면 십의 자리에 오는 두 숫자의 차가 가장 작게 되도록 만들어야 합니다.

7

수 카드 4, 2, 5, 1 을 한 번씩 모두 사용하여 두 자리 수를 2개 만들려고 합니다. 만든 두 수의 차를 ★이라고 할 때, ★<15를 만족하는 ★을 모두 구하시오.

( )

전략 두 수의 십의 자리 숫자의 차가 1 또는 0이 되도록 합니다.

8

수 카드 1, 2, 4, 5, 8 을 한 번씩 모두 사용하여 계산 결과가 200보다 크면서 200에 가장 가까운 뺄셈식을 만들고 그 결과를 구하시오.

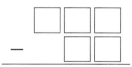

( )

전략 200보다 크면서 200에 가장 가까운 수를 만들기 위해서는 백의 자리에 어떤 숫자를 놓아야 하는지 생각해 봅니다.

Ⅱ 연산 영역

등식 완성하기

9
등식이 성립하도록 ○ 안에 +, −를 알맞게 써넣으시오.

$$51 \bigcirc 25 \bigcirc 36 = 62$$

전략 주어진 세 수를 모두 더한 값과 62를 비교해 봅니다.

10
등식이 성립하도록 필요 없는 부분을 찾아 ✂로 표시하시오.

$$58 - 12 - 9 + 25 = 74$$

전략 주어진 식을 그대로 계산한 값과 74를 비교해 봅니다.

11
등식이 성립하도록 ○ 안에 +, −를 알맞게 써넣으시오.

$$9 \bigcirc 7 \bigcirc 5 \bigcirc 3 \bigcirc 1 = 9$$

전략 먼저 모두 +를 넣어 계산한 값과 주어진 계산 결과와의 차를 구합니다.

12
| 창의 · 융합 |

정훈이는 칠판에 써 있는 덧셈 문제를 풀고 난 후 답이 틀린 것을 알았습니다. 선생님께서 + 한 개를 −로 바꾸면 등식이 성립한다고 하셨습니다. −로 바꾸어야 할 곳에 ○표 하시오.

$$8+7+6+5+4+3+2+1=24$$

전략 8+7+6+5+4+3+2+1=36입니다.

13
등식이 성립하도록 카드 2장의 위치를 서로 바꾸려고 합니다. 바꾸어야 하는 카드에 ○표 하고 바르게 고친 식을 쓰시오.

$$1 + 2 \quad 9 + 3 \quad 1 = 5 \quad 2$$

바르게 고친 식

전략 일의 자리 숫자의 계산 결과가 2가 되어야 합니다.

| 벌레 먹은 셈 |

14

| 창의 · 융합 |

다음은 준수가 동생 민수에게 쓴 쪽지입니다. 얼룩이 묻어 보이지 않는 부분이 있습니다. ㉠과 ㉡에 알맞은 숫자를 각각 구하시오.

> 민수야, 준수 형이야.
> 내가 가지고 있던 캐릭터 카드가 모두 ㉠0장 있었는데 지금 세어 보니 3㉡장 밖에 없어.
> 혹시 네가 없어진 12장을 가지고 있는지 찾아봐 줘.

㉠ ( )

㉡ ( )

전략 일의 자리의 계산 결과를 보면 받아내림이 필요한 식임을 알 수 있습니다.

16

□ 안에 숫자 2, 4, 5, 6을 한 번씩 써넣어 다음 식을 완성하시오.

(1)

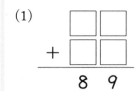

(2)

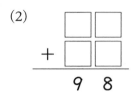

전략 주어진 계산 결과값의 일의 자리 숫자 또는 십의 자리 숫자가 나올 수 있는 숫자들의 조합을 생각합니다.

15

□ 안에 들어가는 숫자 4개 중 3개를 사용하여 만들 수 있는 가장 큰 세 자리 수를 구하시오.

```
    □ 1            6 □
  +  7 □        -  □ 9
  ─────         ─────
    1 3 1          2 2
```

( )

전략 가장 큰 세 자리 수를 만들기 위해서는 높은 자리에 큰 숫자를 놓아야 합니다.

17

얼룩진 부분의 세 숫자는 모두 같습니다. 얼룩진 ⬤에 알맞은 숫자를 구하시오.

```
      3 ⬤
        2
  +   5 ⬤
  ───────
    1 7 8
```

( )

전략 일의 자리부터 계산하여 십의 자리에서의 받아올림 계산까지 생각해 봅니다.

Ⅱ
연산 영역

*마방진

*마방진: 가로, 세로, 대각선 방향의 수를 더하면 모두 같은 값이 나오는
　　숫자표

18

가로, 세로, 대각선(\, /) 위의 세 수의 합
이 90이 되도록 빈칸에 알맞은 수를 써넣
으시오.

		48
		18
12		

전략 세 번째 세로줄에 2개의 수가 주어졌으므로 나머지
한 칸의 수를 구합니다.

20

0부터 8까지의 수를 한 번씩만 사용하여 가
로, 세로, 대각선(\, /) 위의 세 수의 합이
12가 되도록 빈칸에 알맞은 수를 써넣으시
오. (단, 5와 8은 이미 사용하였습니다.)

	8	
5		

전략 5와 8은 사용하였으므로 사용할 수 있는 수는 0,
1, 2, 3, 4, 6, 7입니다.

19

가로, 세로, 대각선(\, /) 위의 세 수의 합
이 105가 되도록 빈칸에 알맞은 수를 써
넣으시오.

42		56
	35	
	63	

전략 가운데 세로줄에 2개의 수가 주어졌으므로 나머지
한 칸의 수를 구합니다.

21

1부터 9까지의 수를 한 번씩만 사용하여
가로, 세로, 대각선(\, /) 위의 세 수의 합
이 15가 되도록 빈칸에 알맞은 수를 써넣
으시오. (단, 8은 이미 사용하였습니다.)

8		

전략 가운데 칸에 5를 넣고 세 수의 합이 15가 되는 경
우를 생각해 봅니다.

| 복면산 |

22

다음 식에서 같은 모양은 같은 숫자, 다른 모양은 다른 숫자를 나타냅니다. 각 모양에 알맞은 숫자를 구하시오.

(1)

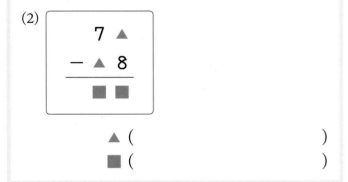

$$
\begin{array}{r}
\bigstar\ \bigstar \\
+\quad\ \bigstar \\
\hline
\bullet\ \blacklozenge\ 8
\end{array}
$$

　　　★ (　　　　　　　　)

　　　◆ (　　　　　　　　)

　　　● (　　　　　　　　)

(2)

$$
\begin{array}{r}
7\ \blacktriangle \\
-\ \blacktriangle\ 8 \\
\hline
\blacksquare\ \blacksquare
\end{array}
$$

　　　▲ (　　　　　　　　)

　　　■ (　　　　　　　　)

전략 (1) 받아올림이 있고, 같은 수 두 개를 더했을 때 일의 자리 숫자가 8이 되는 경우를 생각합니다.

23

다음 식에서 같은 모양은 같은 숫자를 나타냅니다. ■에 알맞은 숫자를 구하시오.

$$
\begin{array}{r}
4\ \blacksquare \\
2\ \blacksquare \\
+\ 1\ \blacksquare \\
\hline
8\ 8
\end{array}
$$

(　　　　　　　　)

전략 십의 자리에 받아올림이 있고 같은 수 3개를 더했을 때 일의 자리 숫자가 8이 되는 경우를 생각해 봅니다.

24

다음 식에서 같은 모양은 같은 숫자, 다른 모양은 다른 숫자를 나타냅니다.

★+●+■의 값을 구하시오.

$$
\begin{array}{r}
\bigstar\ \bullet \\
+\ \blacksquare\ \bigstar \\
\hline
\bigstar\ \bullet\ \bigstar
\end{array}
$$

(　　　　　　　　)

전략 일의 자리 계산에서 ●+★=★이므로 ●의 값을 먼저 구할 수 있습니다.

Ⅱ
연
산
영
역

STEP 3 | 코딩 유형 문제

* 연산 영역에서의 코딩
연산 영역에서의 코딩 문제는 코딩의 기본 구조인 순차, 반복, 선택 구조를 활용하여 두 수의 덧셈, 뺄셈, 곱셈의 결과값을 구하는 방법을 알아보는 유형입니다. 주어진 명령 순서에 맞게 연산을 하거나 연산을 하는 과정에서 내가 구한 값이 특정 조건에 맞는지를 판단하고 다음 진행 방향을 선택해 보는 활동을 통하여 논리적인 계산 능력을 키워 봅니다.

1 어떤 수를 넣으면 다음과 같은 순서에 따라 수를 바꾸는 기계가 있습니다. 이 기계의 (시작)에 7을 넣었을 때 나오는 수를 구하시오.

▶ '예' 또는 '아니요'를 선택하며 진행 방향에 따라 연산을 합니다.

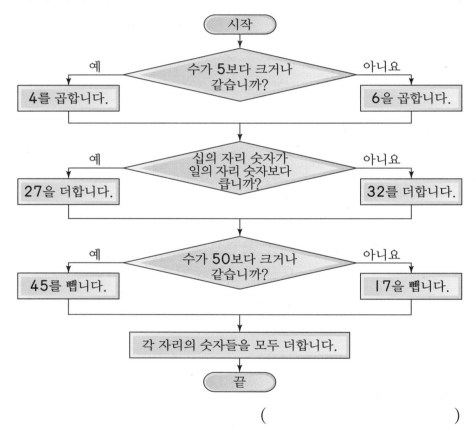

(   )

2 다음과 같은 명령에 따라 수가 변합니다. 4를 넣었을 때 나오는 수를 구하시오.

> 〈명령 Ⅰ〉: (넣은 수)×7을 하시오.
> 〈명령 2〉: 〈명령 Ⅰ〉에서 나온 수에 3Ⅰ을 더하시오.
> 〈명령 3〉: 〈명령 2〉에서 나온 수가 Ⅰ00보다 크면 Ⅰ5를 빼고,
> Ⅰ00보다 작으면 Ⅰ5를 더하시오.
> 〈명령 4〉: 〈명령 3〉에서 나온 수가 홀수이면 3을 더하고,
> 짝수이면 7을 더하시오.
> 〈명령 5〉: 〈명령4〉의 값을 내보내시오.

(   )

▶ 명령 순서대로 연산을 하여 결과
값을 계산합니다.

3 생쥐 로봇이 •규칙•에 따라 움직이면서 수가 변합니다. 생쥐 로봇이 •규칙•을 따른 후 마지막에 도착하는 칸의 기호를 쓰고 그때의 수를 구하시오.

> ─●규칙●─
> ⇨ : 앞으로 한 칸 가며 +4
> ⇦ : 앞으로 한 칸 가며 −8
> ⇩ : 앞으로 한 칸 가며 +8
> ⌐ : 오른쪽으로 ◔만큼 돌고 한 칸 앞으로 가기
> ⌐ : 왼쪽으로 ◔만큼 돌고 한 칸 앞으로 가기

⑥ :⇨	⇨	⌐	⌐
⇩	⇦	⇨	⇦
⇦	⇩	⇨	⇩
⌐	⇦	⌐	⌐
㉠	㉡	㉢	㉣

(   ), (   )

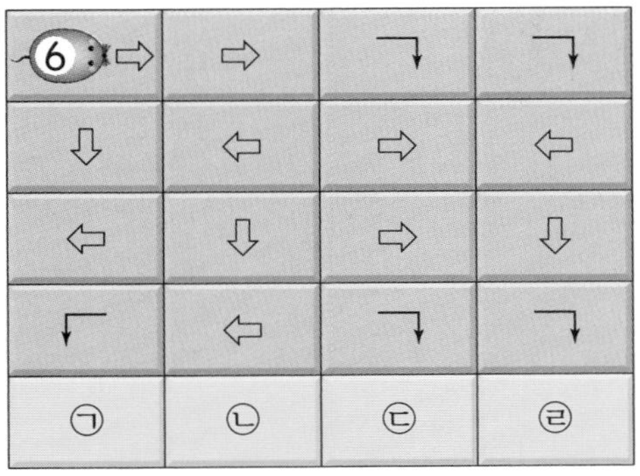

▶ 규칙에 따라 앞으로 한 칸씩 가며
연산을 하고, 생쥐 로봇이 반의 반
바퀴씩 돌았을 때 앞이 어느 쪽인
지 생각합니다.

창의·사고

1 가로, 세로, 대각선(\, /)으로 놓인 세 수의 합을 구하려고 합니다. 세 수의 합이 가장 큰 경우와 가장 작은 경우의 합을 각각 구하시오.

7	10	4	15	11
13	6	7	14	9
10	7	12	11	8
16	10	7	13	12
8	13	9	6	10

가장 큰 경우 (   )

가장 작은 경우 (   )

2 표의 바깥에 써 있는 수들은 각각 가로와 세로에 있는 수들의 합을 나타냅니다. 수 카드 ⟨2⟩, ⟨3⟩, ⟨5⟩, ⟨8⟩, ⟨9⟩, ⟨10⟩을 빈칸에 알맞게 넣어 표를 완성할 때, 대각선(\) 방향으로 놓인 세 수의 합을 구하시오.

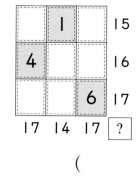

(   )

❖ 그림을 보고 물음에 답하시오. (**3~4**)

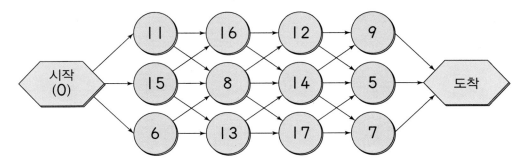

3 0에서 시작하여 화살표를 따라 가며 나오는 수를 더하면서 도착점까지 이동합니다. 도착점에서의 수가 50이 되는 길을 3가지 찾아 위 그림에 표시하고 □ 안에 이동한 순서대로 수를 써넣으시오.

□ + □ + □ + □ = 50

□ + □ + □ + □ = 50

□ + □ + □ + □ = 50

4 0에서 시작하여 화살표를 따라 가며 나오는 수를 더하면서 도착점까지 이동합니다. 도착점에서의 수가 가장 큰 경우와 가장 작은 경우의 값을 각각 구하시오.

가장 큰 경우 (   )

가장 작은 경우 (   )

5 다음 식에서 같은 모양은 같은 숫자를, 다른 모양은 다른 숫자를 나타냅니다. ★, ●, ♥가 나타내는 값을 각각 구하시오.

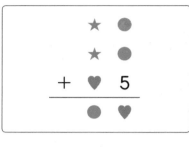

★ (   )

● (   )

♥ (   )

창의·융합

6 다음과 같은 •규칙•으로 숫자 볼링 게임을 합니다.

•조건•

① 주사위 **3**개를 동시에 굴려서 나온 수의 볼링핀을 지웁니다.

② ①에서 나온 수와 +, −를 사용하여 만든 식의 결과에 해당하는 수의 볼링핀을 모두 지웁니다.

③ 식을 만들 때에는 ①에서 나온 수를 한 번씩만 사용합니다.

주사위 **3**개를 동시에 굴려서 나온 수가 2, 3, 5일 때 지울 수 <u>없는</u> 볼링핀을 구하시오.

(   )

창의·사고

7 등식을 보고 말, 호랑이, 타조가 나타내는 수를 각각 찾아 세 동물이 나타내는 수들의 합을 구하시오. (단, 같은 동물은 같은 수를 나타내고, ×와 +가 함께 있으면 ×를 먼저 계산합니다.)

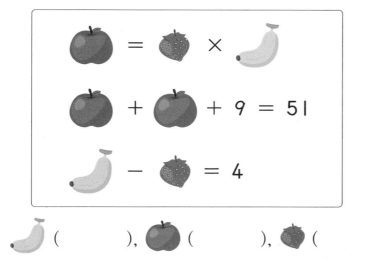

(   )

8 등식을 보고 각 과일이 나타내는 수를 각각 구하시오. (단, 서로 다른 과일은 다른 수를 나타내고 같은 과일은 같은 수를 나타냅니다.)

(   ), (   ), (   )

영재원 · **창의융합** 문제

여러분은 손으로 어떤 일들을 주로 하나요?

아주 먼 옛날, 계산기도 컴퓨터도 없었던 시절에 살던 사람들은 손가락을 이용하여 곱셈을 하였다고 합니다. 그 시대의 사람들이 어떤 방법으로 손가락 곱셈을 하였는지 살펴보고 이 방법을 이용하여 곱셈 문제를 해결하여 봅시다.

〈방법〉

① 한 손에서 8에서 5를 **뺀** 수 3만큼 손가락을 접고 나머지 손가락 2개는 그대로 펼친 채 둡니다.

② 다른 한 손으로 9에서 5를 **뺀** 수 4만큼 손가락을 접고 나머지 손가락 1개는 그대로 펼친 채 둡니다.

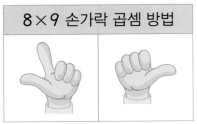

8×9 손가락 곱셈 방법

〈계산〉

① 양쪽 손의 접힌 손가락의 수를 모두 더한 후 10을 곱합니다.

⇨ 3+4=7, 7×10=70

② 양쪽 손의 펼쳐진 손가락 수를 서로 곱합니다. ⇨ 2×1=2

③ ①과 ②의 결과를 더합니다. ⇨ 70+2=72

---

9 손가락 곱셈 방법은 5와 10 사이의 수에 대한 곱셈만 할 수 있습니다. 손가락 곱셈을 이용하여 다음 문제를 계산하시오.

7×8 손가락 곱셈

① (양쪽 손의 접힌 손가락의 수)×10=☐×10=☐

② (양쪽 손의 펼쳐진 손가락 수끼리 곱하기)=☐×☐=☐

③ 7×8= ①+②=☐

III

도형 영역

| 주제 구성 |

[주제 학습 9] 도형 판과 폴리아몬드

•보기•의 테트리아몬드 조각 4개를 사용하여 오른쪽 모양을 만들었습니다. 어떻게 만들었는지 표시하시오.

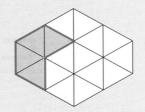

문제 해결 전략

① 테트리아몬드 조각 돌리기
   테트리아몬드 조각을 돌려 가며 오른쪽 모양에 하나씩 맞추어 봅니다.
② 모양 완성하기

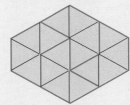 으로 만들 수 있습니다.

선생님, 질문 있어요!

Q. 폴리아몬드란 무엇인가요?

A. 폴리아몬드란 변의 길이가 모두 같은 삼각형을 변끼리 이어 붙여 만든 도형입니다. 이어 붙인 삼각형 수에 따라 도형 이름이 달라집니다.

모노아몬드(1개)

다이아몬드(2개)

트리아몬드(3개)

테트리아몬드(4개)
⋮

따라 풀기 1

왼쪽 모양은 *도형 판에 고무줄 2개를 끼워 만든 것입니다. 고무줄 한 개를 뺐더니 오른쪽과 같은 모양이 되었습니다. 빼낸 고무줄이 이루고 있던 도형의 이름을 쓰시오.

 ⇨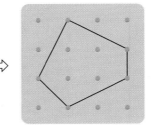

*도형 판: 가로, 세로로 일정한 간격으로 못이나 핀이 꽂혀 있는 평평한 판. 고무줄을 못이나 핀에 끼워 도형을 만들 수 있습니다.

(   )

[확인 문제]

1-1 •보기•의 조각을 다음 개수만큼 사용하여 아래의 모양을 만들었습니다. 어떻게 만들었는지 표시하시오.

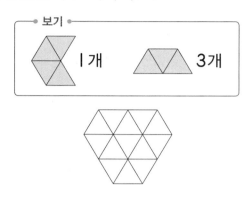

2-1 도형 판에 고무줄 1개를 사용하여 오각형을 만들었습니다. 고무줄을 한 개 더 끼워 삼각형과 사각형 한 개씩을 만들려고 합니다. 고무줄을 어떻게 끼우면 되는지 그리시오.

[한 번 더 확인]

1-2 트리아몬드는 △ 모양 3개를 변끼리 이어 붙여 만든 도형입니다. 돌렸을 때 같은 모양은 1가지로 생각한다면 트리아몬드는 모두 몇 가지 모양이 나오는지 그림으로 그려서 알아보시오.

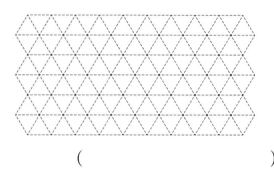

(   )

2-2 도형 판에 고무줄 한 개를 끼워 왼쪽 모양을 만든 후 한 개를 더 끼웠더니 오른쪽과 같은 모양이 되었습니다. 두 번째로 끼운 고무줄이 이루고 있는 도형의 이름을 쓰시오. (단, 고무줄을 꼬아서 끼우지 않습니다.)

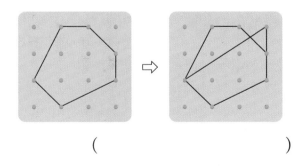

(   )

[주제 학습 10] 데칼코마니

도화지의 왼쪽에 물감으로 그림을 그린 후 점선을 따라 접는 데칼코마니 기법을 이용하여 그림을 완성하려고 합니다. 오른쪽과 같은 완성한 모양이 나오도록 접기 전 모양의 나머지 부분을 완성하시오.

〈접기 전 모양〉

〈완성한 모양〉

문제 해결 전략

① 완성된 그림에 접은 선 긋기
완성된 그림에 접은 점선을 그려 보면 접은 선 왼쪽의 그림이 접기 전 모양과 같습니다.

② 나머지 부분 완성하기

따라서 접기 전 모양은  입니다.

선생님, 질문 있어요!

Q. 데칼코마니 기법이란 무엇인가요?

A. 종이 위에 물감을 칠하고 반으로 접거나 다른 종이를 덮어 찍어서 대칭인 무늬를 만드는 것입니다.

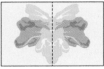

점선을 따라서 접으면 모양이 완전히 겹쳐집니다.

참고
대칭: 어떤 도형을 한 직선을 중심으로 접었을 때 완전히 겹쳐지는 것

 도화지에 하트 모양을 그리고 여러 곳에 거울을 놓아 비치는 모양을 함께 그렸습니다. 잘못된 모양을 모두 찾아 ×표 하시오.

거울

( )

( )

( )

( )

[확인 문제]

1-1 데칼코마니 기법을 이용하여 만든 모양입니다. 접은 도화지를 펼쳤을 때 나올 수 <u>없는</u> 모양을 모두 찾아 ×표 하시오.

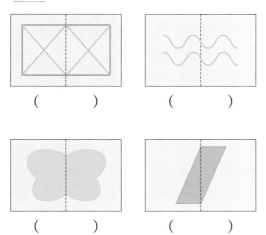

( )   ( )

( )   ( )

[한 번 더 확인]

1-2 데칼코마니 기법을 이용하여 만든 모양입니다. 접은 점선을 그으시오.

(1)

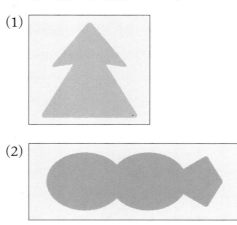

(2)

2-1 다음과 같이 달 모양을 그리고 선 위에 거울을 놓았습니다. 거울에 비치는 모양을 찾아 기호를 쓰시오.

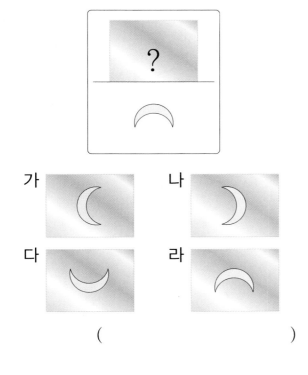

가   나

다   라

( )

2-2 다음과 같이 그림을 그리고 선 위에 거울을 놓았습니다. 거울에 비치는 모양을 찾아 기호를 쓰시오.

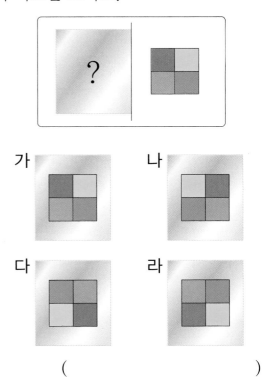

가   나

다   라

( )

[주제 학습 11] 도형 자르기

색종이를 가위로 한 번만 잘라 삼각형 2개를 만들려고 합니다. 어떻게 잘라야 하는지 선을 그으시오.

[문제 해결 전략]

① 색종이를 2개로 자르기
색종이를 가위로 한 번만 잘라 2개로 만드는 방법은 다음과 같이 여러 가지입니다.

   ......

② 삼각형 2개를 만들기
색종이를 가위로 한 번만 잘라 삼각형 2개를 만드는 방법은 다음과 같이 이웃하지 않은 두 꼭짓점을 잇는 선을 긋고 그은 선을 따라 자르면 됩니다.

 1 공 모양을 오른쪽 그림과 같이 반으로 잘랐습니다. 자른 면의 모양은 어느 것입니까?·················· (   )

①   ②   ③   ④

[확인 문제]

1-1 색종이에 선을 한 개 긋고 그 선을 따라 잘라 오각형을 만들려고 합니다. 선을 그으시오.

2-1 상자 모양의 도형을 그림과 같이 잘라 냈습니다. 잘라 낸 면의 모양으로 알맞은 것을 찾아 기호를 쓰시오.

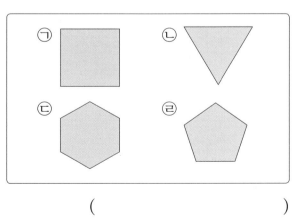

ㄱ · ㄴ · ㄷ · ㄹ

( )

[한 번 더 확인]

1-2 색종이에 선을 2개 긋고 그 선을 따라 잘라 육각형을 만들려고 합니다. 2개의 선을 그으시오.

2-2 상자 모양의 도형을 그림과 같이 잘랐을 때 만들어지는 두 도형 중 작은 도형에 대한 설명으로 옳은 것을 찾아 기호를 쓰시오.

ㄱ 한 면이 육각형입니다.
ㄴ 모든 면이 사각형입니다.
ㄷ 한 면만 삼각형입니다.
ㄹ 한 면만 사각형입니다.
ㅁ 모든 면이 삼각형입니다.
ㅂ 한 면이 원입니다.

( )

[주제 학습 12] 도형의 위치

주사위를 오른쪽으로 두 번, 뒤로 한 번 굴렸습니다. 윗면에 보이는 눈의 수를 쓰시오. (단, 주사위의 마주 보는 두 면의 눈의 수의 합은 7입니다.)

(   )

> **선생님, 질문 있어요!**
>
> **Q.** 주사위에 그려져 있는 눈의 수에도 규칙이 있나요?
>
> **A.** 위(2)와 아래(5), 왼쪽(6)과 오른쪽(1), 앞(4)과 뒤(3)의 눈의 수의 합이 모두 7입니다. 주사위는 마주 보는 두 면의 눈의 수의 합이 모두 7이 됩니다.

문제 해결 전략

① 오른쪽으로 한 번 굴렸을 때
오른쪽으로 한 번 굴리면 5와 마주 보는 면이 윗면이 되므로 윗면에 보이는 눈의 수는 7−5=2입니다.

② ①의 주사위를 오른쪽으로 한 번 더 굴렸을 때
①의 주사위를 오른쪽으로 한 번 굴리면 1과 마주 보는 면이 윗면이 됩니다. 윗면에 보이는 눈의 수는 7−1=6입니다.

③ ②의 주사위를 뒤로 한 번 더 굴렸을 때
②의 주사위를 뒤로 한 번 굴리면 눈의 수가 4인 면이 윗면이 됩니다. 따라서 윗면에 보이는 눈의 수는 4입니다.

> **참고**
>
> 위의 주사위를 앞으로 한 번 굴리면 앞면이 아래로 가므로 윗면은 4와 마주 보는 면이므로 눈의 수가 3이 됩니다.

---

 ① 따라 풀기

오른쪽 쌓기나무에 대한 •설명•으로 옳은 것을 모두 찾아 기호를 쓰시오.

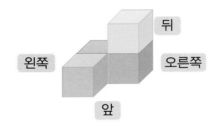

┌─ • 설명 • ─
│ ㉠ 파란색 쌓기나무 뒤에 빨간색 쌓기나무가 있습니다.
│ ㉡ 파란색 쌓기나무 오른쪽에 빨간색 쌓기나무가 있습니다.
│ ㉢ 빨간색 쌓기나무 오른쪽에 연두색 쌓기나무가 있습니다.
│ ㉣ 연두색 쌓기나무 위에 노란색 쌓기나무가 있습니다.
│ ㉤ 빨간색 쌓기나무 앞에 연두색 쌓기나무가 있습니다.
└─

(   )

[**확인 문제**]

1-1 주사위를 오른쪽으로 한 번, 앞쪽으로 한 번 굴렸을 때 윗면에 보이는 눈의 수를 쓰시오. (단, 주사위의 마주 보는 두 면의 눈의 수의 합은 7입니다.)

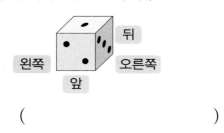

( )

[**한 번 더 확인**]

1-2 주사위를 뒤로 한 번, 오른쪽으로 한 번 굴렸을 때 윗면에서 보는 눈의 수를 쓰시오. (단, 주사위의 마주 보는 두 면의 눈의 수의 합은 7입니다.)

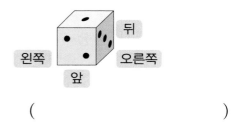

( )

Ⅲ
도 형 영 역

2-1 ·설명·에 따라 쌓기나무를 바르게 쌓은 것을 찾아 기호를 쓰시오.

— 설명 —
① 파란색 쌓기나무를 놓습니다.
② 파란색 쌓기나무 위에 빨간색 쌓기나무를 놓습니다.
③ 파란색 쌓기나무 뒤쪽에 연두색 쌓기나무를 놓습니다.
④ 파란색 쌓기나무 오른쪽에 노란색 쌓기나무를 놓습니다.
⑤ 빨간색 쌓기나무 뒤쪽에 보라색 쌓기나무를 놓습니다.

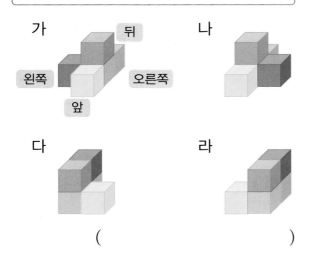

( )

2-2 순서대로 쌓기나무를 쌓을 때 쌓을 수 없는 것을 찾아 번호를 쓰시오.

① 파란색 쌓기나무를 놓습니다.
② 빨간색 쌓기나무를 파란색 쌓기나무 오른쪽에 놓습니다.
③ 초록색 쌓기나무를 파란색 쌓기나무 뒤쪽에 놓습니다.
④ 보라색 쌓기나무를 빨간색 쌓기나무 위에 놓습니다.
⑤ 주황색 쌓기나무를 보라색 쌓기나무 뒤쪽에 놓습니다.
⑥ 노란색 쌓기나무를 초록색 쌓기나무 왼쪽에 놓습니다.

( )

도평 판과 폴리아몬드

1

3개의 고무줄을 끼워 가 모양을 만들었습니다. 가에서 가장 위에 끼웠던 고무줄을 뺐더니 나 모양이 되었고, 나 모양에서 두 번째 고무줄을 뺐더니 다 모양이 되었습니다. 첫 번째로 빼낸 고무줄과 두 번째로 빼낸 고무줄이 이루고 있던 도형의 이름을 각각 쓰시오. (단, 고물줄을 꼬아서 끼우지 않습니다.)

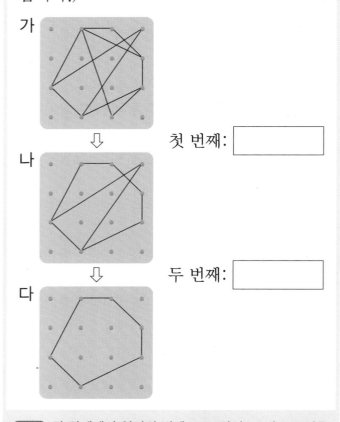

가

첫 번째: ☐

나

두 번째: ☐

다

전략 각 단계에서 없어진 변에 ×표 하며 그 변으로 만들 수 있는 도형을 생각해 봅니다.

2

도형 판에 1개의 고무줄을 사용하여 육각형을 만들었습니다. 고무줄을 1개 더 끼워 사각형 2개가 되게 만들려고 합니다. 고무줄을 어떻게 끼우면 되는지 그리시오.

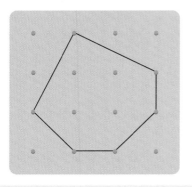

전략 육각형의 꼭짓점을 활용하여 사각형 2개가 만들어지는 경우를 알아봅니다.

3

도형 판에 2개의 고무줄을 사용하여 크고 작은 삼각형 5개를 만드시오.

전략 한 고무줄이 다른 고무줄의 위로 지나가도 됩니다.

4

왼쪽 폴리아몬드 조각으로 오른쪽 모양을 만들었습니다. 어떻게 만들었는지 표시하시오.

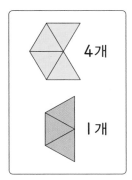 4개

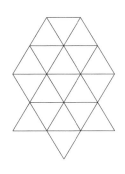

1개

전략 테트리아몬드 조각의 위치를 먼저 정하고 각각의 경우에 트리아몬드 조각 1개의 위치를 생각해 봅니다.

6

왼쪽 테트리아몬드 조각으로 오른쪽 모양을 만들었습니다. 어떻게 만들었는지 표시하시오.

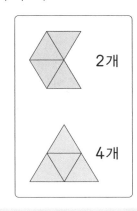 2개

4개

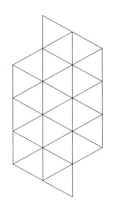

전략 삼각형 모양의 테트리아몬드의 위치를 먼저 정한 다음 나머지 조각의 위치를 정합니다.

5

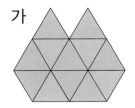 조각 4개로 만들 수 있는 모양을 모두 찾아 기호를 쓰시오.

가
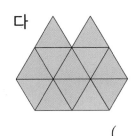

나

다

라

( )

전략 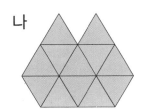 모양에 조각의 위치를 표시했을 때, 겹치는 부분이 없는지 확인합니다.

7

오른쪽 조각 4개로 다음 모양을 만들었습니다. 나머지 부분에 알맞게 색칠하시오.

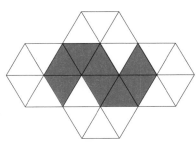

전략 만든 모양의 빨간색 부분에 맞추어 모양 조각을 돌려 보고 색칠합니다.

| 데칼코마니 |

8

데칼코마니 기법을 이용하여 무늬를 만들었습니다. 빨간색 점선의 오른쪽에 알맞게 색칠하시오.

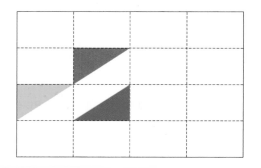

전략 빨간색 점선을 따라 접었을 때 모양이 겹쳐지도록 색을 칠합니다.

9

쌓기나무를 오른쪽과 같이 쌓고 점선 위에 거울을 놓았습니다. 거울에 비치는 모양으로 알맞은 것을 찾아 기호를 쓰시오.

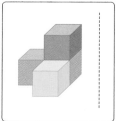

ㄱ 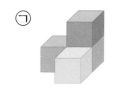 ㄴ

(   )

전략 쌓기나무의 왼쪽에 거울을 놓으면 거울에 비친 모양은 쌓기나무의 왼쪽과 오른쪽이 바뀌어서 보입니다.

10

| 창의·융합 |

다음은 도화지에 물감을 묻히고 점선을 따라 접는 데칼코마니 기법을 이용하여 만든 모양입니다. 유정이와 선미가 보는 그림은 각각 어떤 모양인지 알맞은 그림을 찾아 유정이와 선미의 이름을 각각 써넣으시오.

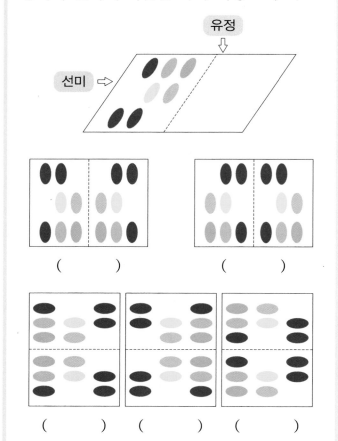

전략 유정이와 선미가 보는 방향에서 왼쪽과 오른쪽이 어디인지 생각해 봅니다.

도형 자르기

11

색종이를 반으로 접은 후 잘라서 펼쳤더니 오른쪽과 같은 모양이 되었습니다. 왼쪽의 접은 색종이에 자른 선을 그으시오.

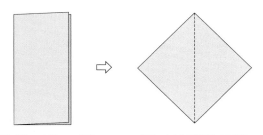

〈한 번 접은 모양〉　　〈잘라서 펼친 모양〉

13

오각형에 선 **2**개를 긋고 선을 따라 잘라서 삼각형 **2**개와 사각형 **2**개를 만들려고 합니다. 오각형에 **2**개의 선을 그으시오.

12

색종이를 반으로 접은 후 다시 반으로 접어 그림과 같이 구멍을 **2**개 뚫었습니다. 색종이를 펼치면 구멍이 몇 개 생깁니까?

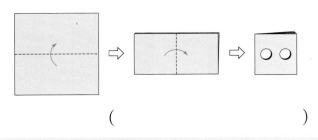

(　　　　　　　　　)

14

육각형에 선 **2**개를 긋고 선을 따라 잘라서 삼각형 **2**개와 칠각형 **1**개를 만들려고 합니다. 육각형에 **2**개의 선을 그으시오.

15

쌓기나무를 쌓고 점선을 따라 칼로 잘랐습니다. 각 색깔별 점선을 따라 자른 면을 찾아 기호를 쓰시오. (단, 칼로 자른 면만 생각합니다.)

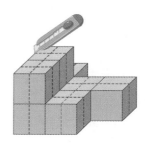

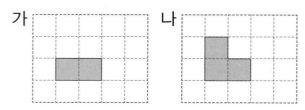

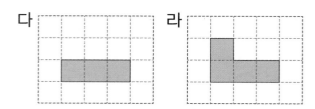

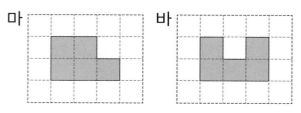

빨간색 점선으로 자른 면 (   )

초록색 점선으로 자른 면 (   )

파란색 점선으로 자른 면 (   )

주황색 점선으로 자른 면 (   )

전략 각각의 점선이 지나가는 쌓기나무만 생각하여 자른 면의 모양을 예상해 봅니다.

16

도형을 그림과 같이 잘랐습니다. 자른 면이 원 모양이 되는 것을 모두 찾아 기호를 쓰시오.

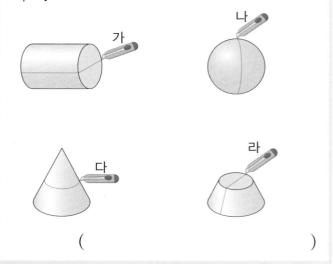

(   )

전략 각 도형을 위와 옆에서 보았을 때 어떤 모양으로 보이는지 생각해 봅니다.

17

고무찰흙으로 탁자를 만들고 칼로 자른 면이 다음과 같았습니다. 어떻게 잘라야 하는지 탁자에 선을 그으시오.

⟨자른 면⟩

전략 나란히 있지 않은(대각선 방향의) 다리를 같이 보이게 하려면 어떻게 잘라야 하는지 생각해 봅니다.

도형의 위치

18

주사위를 선우의 앞으로 1번, 왼쪽으로 2번 굴렸을 때 지영이에게 보이는 앞면의 눈의 수를 쓰시오. (단, 주사위의 마주 보는 두 면의 눈의 수의 합은 7입니다.)

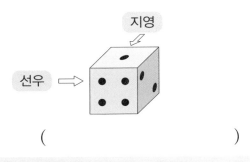

(   )

전략 주사위를 굴리기 전 지영이에게 보이는 앞면의 눈의 수는 4와 마주 보고 있는 면이므로 3입니다.

19

마주 보는 면에 같은 모양이 그려져 있는 주사위가 있습니다. 주사위를 앞으로 2번, 오른쪽으로 2번 굴렸을 때 윗면에 보이는 모양이 다음과 같았습니다. 굴리기 전 주사위의 윗면에 보이는 모양을 그리시오.

(   )

전략 보이지 않는 면에 어떤 모양이 있는지 생각해 보고 거꾸로 굴리면서 굴리기 전 주사위의 윗면에 어떤 모양이 보였을지 생각해 봅니다.

20

| 창의·융합 |

정호가 •설명•을 보고 쌓기나무를 쌓았는데 몇 개를 잘못 놓았습니다. 다시 바르게 쌓으려면 쌓기나무를 어떻게 옮기면 되는지 □ 안에 알맞은 말을 써넣으시오.
(단, 모든 방향은 정호가 보는 방향입니다.)

┌─ •설명• ─────────────────┐
① 주황색 쌓기나무를 놓습니다.
② 주황색 쌓기나무 오른쪽에 초록색 쌓기나무를 놓습니다.
③ 주황색 쌓기나무 왼쪽에 보라색 쌓기나무를 놓습니다.
④ 주황색 쌓기나무 앞에 파란색 쌓기나무를 놓습니다.
⑤ 보라색 쌓기나무 앞에 노란색 쌓기나무를 놓습니다.
└──────────────────────────┘

┌──────────────────────────┐
쌓기나무 2개의 위치를 바꾸어야 합니다.
파란색 쌓기나무를 [   ]으로 한 칸 옮기고 파란색 쌓기나무의 [   ]에 노란색 쌓기나무를 놓습니다.
└──────────────────────────┘

전략 정호가 보는 방향에서 오른쪽, 왼쪽, 앞쪽이 어디인지 생각해 봅니다.

Ⅲ 도형 영역

*도형 영역에서의 코딩
도형 영역에서의 코딩 문제는 조건을 생각하며 명령어를 반복하여 2차원의 평면도형 및 3차
원의 입체도형을 완성하는 유형입니다. 컴퓨터는 한 번에 한 가지의 명령어만 순차적으로 실
행할 수 있지만 여기에는 반복적으로 나타나는 규칙이 생기기 마련입니다. 이를 찾아내어 문
제를 더 쉽게 풀 수 있습니다.

1 주사위를 다음과 같은 •규칙•으로 굴리고 있습니다. 윗면의 눈
의 수가 2가 되려면 주사위를 적어도 몇 번 굴려야 합니까? 아
래쪽 빈 주사위에 차례대로 표시하면서 알아보시오. (단, 주사
위의 마주 보는 두 면의 눈의 수의 합은 7이고, 주사위 눈의 방
향은 생각하지 않습니다.)

▶ 주사위 눈의 수에서 홀수는 1, 3, 5이고 짝수는 2, 4, 6입니다.

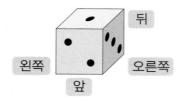

┌─ 규칙 ─
• 윗면의 눈의 수가 홀수인 경우: 오른쪽으로
  한 번 굴립니다.
• 윗면의 눈의 수가 짝수인 경우: 앞으로 한 번
  굴립니다.
└─

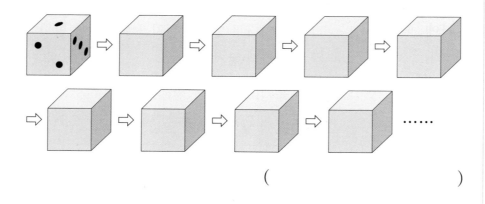

(   )

2 도형 판에 고무줄을 끼워 만든 사각형의 넓이를 크게 하는 순서도를 만들었습니다. 다음의 네 단계를 3번 반복하면 도형 안에 있는 점의 개수는 모두 몇 개입니까? (단, 도형의 변과 꼭짓점에 있는 점은 세지 않습니다.)

▶ 네 단계를 3번 반복하여 만든 도형은 각 단계를 세 번씩 반복하여 만든 도형과 같습니다.

	I단계	2단계	3단계	4단계
시작	①번 점을 한 칸 위로 올립니다.	②번 점을 한 칸 위로 올립니다.	③번 점을 한 칸 왼쪽으로 보냅니다.	④번 점을 한 칸 오른쪽으로 보냅니다.

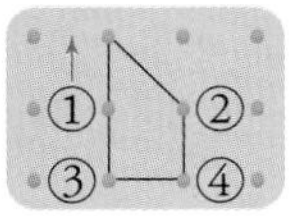

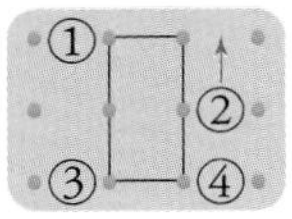

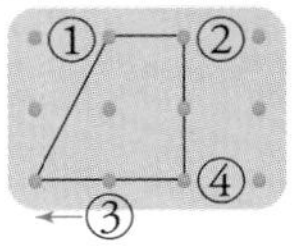

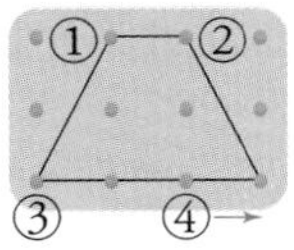

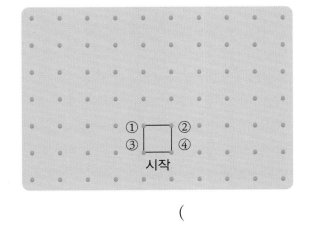

(   )

3 다음과 같은 • 규칙 • 으로 물감을 칠한 다음 빨간색 점선을 따라 접어서 데칼코마니 기법을 이용하여 만들려고 합니다. 완성된 그림에 알맞게 색칠하시오.

▶ 먼저 규칙에 따라 색칠한 후 접는 점선을 생각하며 나머지 부분의 색을 채웁니다.

> ─• 규칙 •─
> • 홀수 칸에만 색칠합니다.
> • 색칠하는 순서는 '빨간색─주황색─노란색─초록색─파란색─남색─보라색'이고 보라색까지 사용한 다음은 다시 빨간색부터 색칠합니다.

1	2	3	4	5	6
7	8	9	10	11	12
13	14	15	16	17	18

Ⅲ 도 형 영 역

1 왼쪽의 테트리아몬드 조각 여러 개를 겹치지 않게 사용하여 오른쪽과 같은 모양을 만들었습니다. ㉠과 ㉡ 조각은 각각 몇 개씩 사용되었습니까? (단, ㉠과 ㉡ 조각을 모두 사용했습니다.)

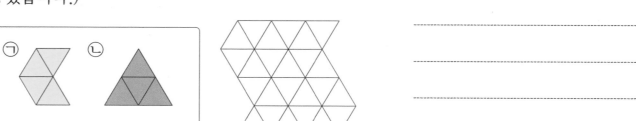

㉠ 조각 (   )

㉡ 조각 (   )

2 •보기•와 같이 사각형 안쪽에 점 **4**개가 들어가도록 그리려고 합니다. •보기•의 모양과 다른 사각형을 **7**개 더 그리시오. (단, 돌리거나 뒤집었을 때 같은 모양은 한 가지로 생각합니다.)

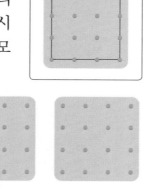

창의·사고

3 진희와 소미는 데칼코마니 기법을 이용하여 똑같은 모양을 만드는 중입니다. 완성하면 어떤 모양이 되는지 소미가 보는 방향에서 보이는 모양을 찾아 기호를 쓰시오.

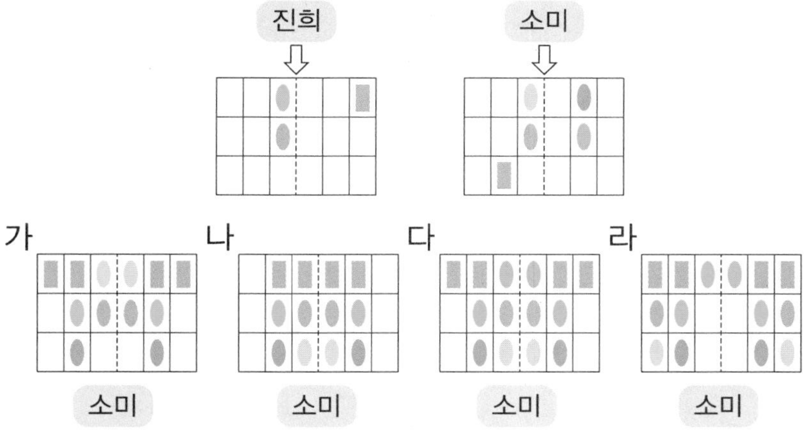

진희 소미

가 나 다 라

소미 소미 소미 소미

( )

4 다음과 같이 색칠한 후 그림의 위쪽과 오른쪽에 거울을 놓았습니다. 두 거울에 비친 모양과 비치기 전 모양이 똑같도록 나머지 빈칸에 알맞게 색칠하시오.

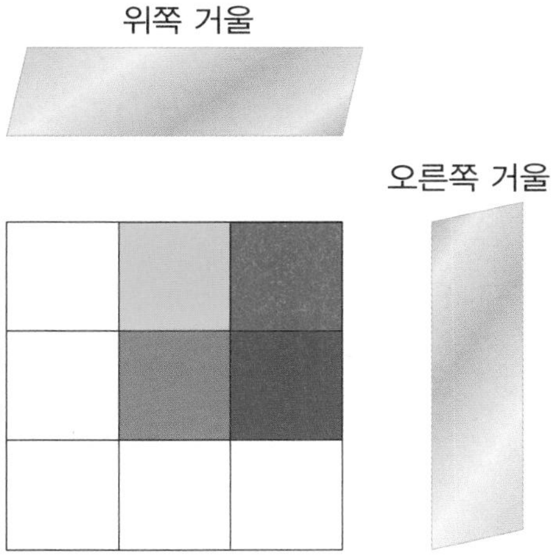

위쪽 거울

오른쪽 거울

Ⅲ 도형 영역

5 그림과 같이 색종이를 두 번 접은 후 가위로 한 번 잘라서 팔각형을 만들려고 합니다. 어떻게 자르면 되는지 색종이에 자르는 선을 그으시오.

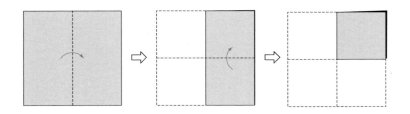

6 오각형 모양의 색종이에 2개의 선을 긋고 그은 선을 따라 자르려고 합니다. 잘라서 생기는 도형의 꼭짓점 수의 합이 가장 많은 경우의 꼭짓점 수의 합은 모두 몇 개입니까?

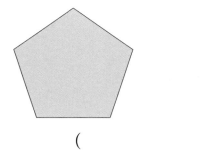

(   )

창의·사고

7 나연이는 • 설명 •을 보고 주사위를 움직였습니다. • 설명 •을 잘못 보고 왼쪽으로 굴려야 할 때는 오른쪽으로, 오른쪽으로 굴려야 할 때는 왼쪽으로 굴렸더니 왼쪽 주사위와 같이 되었습니다. • 설명 •대로 움직였다면 어떻게 놓여 있어야 하는지 빈 주사위에 알맞은 수를 써넣으시오.
(단, 주사위의 마주 보는 두 면에 쓰인 수의 합은 7입니다.)

┌─ • 설명 • ─────────────────────────┐
│ 앞으로 한 번 ⇨ 오른쪽으로 한 번 ⇨ 앞으로 한 번 │
│ ⇨ 왼쪽으로 한 번 굴립니다. │
└──────────────────────────────────┘

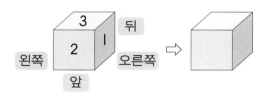

8 지우는 선생님의 • 설명 •을 보고 쌓기나무 5개를 쌓았습니다. 민지가 보는 방향에서 쌓기나무는 어떻게 보이는지 모눈종이에 색칠하시오.

┌─ • 설명 • ─────────────────────────────────┐
│ ① 보라색 쌓기나무를 놓습니다. │
│ ② 보라색 쌓기나무 오른쪽에 주황색 쌓기나무를 놓습니다. │
│ ③ 주황색 쌓기나무 앞에 초록색 쌓기나무를 놓습니다. │
│ ④ 보라색 쌓기나무 뒤에 노란색 쌓기나무를 놓습니다. │
│ ⑤ 보라색 쌓기나무 위에 파란색 쌓기나무를 놓습니다. │
└──┘

영재원·**창의융합** 문제

❖ 주성이네 집 자동차의 뒷 유리에는 '초보 운전'이라는 글자를 붙이고 앞 유리
에는 아파트 동수를 써 놓았습니다. 물음에 답하시오. (**9~10**)

 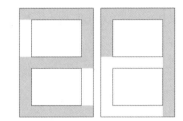

9 차 안에서 보면 뒷 유리에 써 있는 '초보 운전' 글자는 어떻게 보이는지 찾
아 기호를 쓰시오.

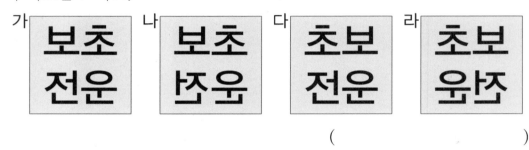

(   )

10 차 앞 유리에는 주성이네 집 아파트 동수가 쓰여 있습니다. 차 안에서는 어
떻게 보이는지 색칠하여 나타내시오.

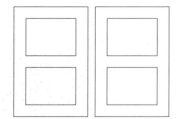

IV
측정 영역

[주제 학습 13] cm 단위의 길이

준형이는 철사를 구부려서 한 변의 길이가 2 cm인 사각형을 만들었습니다. 사각형의 네 변의 길이가 모두 같을 때 사용한 철사의 길이는 몇 cm입니까?

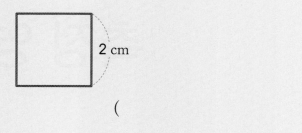

( )

선생님, 질문 있어요!

Q. 변의 길이를 모두 더하는 것을 다른 말로 무엇이라고 하나요?

A. 어떤 물건이나 도형의 바깥쪽을 한 바퀴 돈 길이를 둘레라고 합니다. 사각형의 4개의 변의 길이를 더하는 것을 둘레를 구한다고 합니다.

문제 해결 전략

① 사각형의 변의 개수 알아보기
   사각형은 변이 4개 있습니다.
② 사용한 철사의 길이 알아보기
   사각형 4개의 변의 길이가 2 cm로 모두 같으므로 사용한 철사의 길이는
   2+2+2+2=8 (cm)입니다.

따라 풀기 1 철사를 구부려서 한 변의 길이가 5 cm인 삼각형을 만들었습니다. 삼각형의 세 변의 길이가 모두 같을 때 사용한 철사의 길이는 몇 cm입니까?

( )

따라 풀기 2 파란색과 빨간색 끈으로 각각 네 변의 길이가 같은 사각형을 만들었습니다. 빨간색 끈으로 만든 사각형의 각 변이 파란색 끈으로 만든 사각형보다 1 cm씩 길었습니다. 빨간색 끈으로 만든 사각형의 네 변의 길이의 합은 몇 cm입니까?

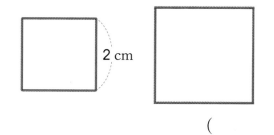

( )

[확인 문제]

1-1 길이가 16 cm인 초록색 끈과 길이가 32 cm인 빨간색 끈을 모두 사용하여 각각 네 변의 길이가 같은 사각형을 만들었습니다. □ 안에 알맞은 수를 써넣으시오.

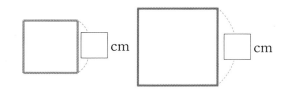

2-1 82 cm짜리 끈을 가위로 잘라 내었더니 남은 길이가 57 cm이었습니다. 잘라 낸 끈의 길이는 몇 cm입니까?

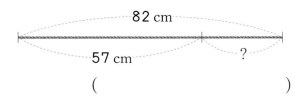

(   )

3-1 노란색, 파란색, 빨간색 테이프가 있습니다. 노란색 테이프의 길이가 5 cm일 때, 파란색과 빨간색 테이프의 길이를 각각 구하시오.

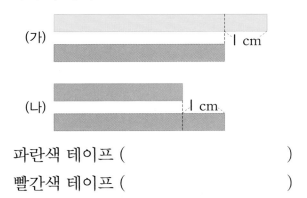

파란색 테이프 (   )

빨간색 테이프 (   )

[한 번 더 확인]

1-2 길이가 12 cm인 파란색 끈과 길이가 9 cm인 초록색 끈을 모두 사용하여 각각 세 변의 길이가 같은 삼각형을 만들었습니다. □ 안에 알맞은 수를 써넣으시오.

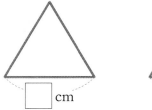

2-2 끈을 반으로 접은 길이는 46 cm이었습니다. 표시한 부분을 잘라서 오른쪽 부분의 한 조각의 길이를 재었더니 17 cm이었습니다. 왼쪽 부분의 줄을 펴면 몇 cm입니까? (단, 접히는 부분의 길이는 생각하지 않습니다.)

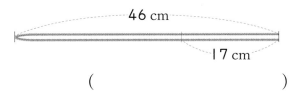

(   )

3-2 길이가 5 cm인 색 테이프 2장을 그림과 같이 2 cm씩 겹치게 이어 붙였습니다. 이어 붙인 색 테이프의 전체 길이는 몇 cm입니까?

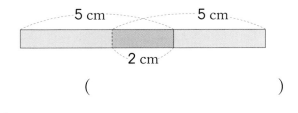

(   )

Ⅳ 측정 영역

[주제 학습 14] m 단위의 길이

지인이는 길이가 1 m 20 cm인 파란색 끈과 빨간색 끈을 묶으려고 합니다. 리본 모양 매듭 부분으로 파란색 끈과 빨간색 끈에서 각각 20 cm씩 사용했을 때 묶어서 이은 끈의 전체 길이는 몇 m입니까?

(   )

선생님, 질문 있어요!

Q. 끈을 묶어서 이었을 때, 전체 길이는 어떻게 구하나요?

A. 아래와 같이 파란색 끈에서 점선 부분은 리본 모양 매듭에 사용된 부분이므로 전체 길이에서 빼 주어야 합니다. 리본 모양 매듭 부분이 20 cm이므로 남은 파란색 끈의 길이는 1 m입니다.
빨간색 끈의 길이도 같은 방법으로 구하여 두 끈의 길이를 더하면 됩니다.

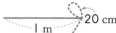

문제 해결 전략

① 묶기 전의 끈의 길이 구하기
   (빨간색 끈과 파란색 끈의 길이의 합)=1 m 20 cm+1 m 20 cm
                                      =2 m 40 cm
② 리본 모양 매듭 부분의 길이의 합 구하기
   리본 모양 매듭 부분은 빨간색과 파란색 끈에서 각각 20 cm씩이므로 모두
   20+20=40 (cm)입니다.
③ 묶어서 이은 끈의 전체 길이 구하기
   묶어서 이은 끈의 전체 길이는 빨간색 끈과 파란색 끈의 길이의 합에서 리본
   모양 매듭 부분의 길이를 빼 주면 되므로 2 m 40 cm−40 cm=2 m입니다.

따라 풀기 1 길이가 각각 2 m 39 cm, 2 m 52 cm인 끈 2개를 그림과 같이 묶어서 이었습니다. 리본 모양 매듭 부분으로 각 끈에서 15 cm씩 사용했을 때, 묶어서 이은 전체 끈의 길이는 몇 m 몇 cm입니까?

(   )

따라 풀기 2 길이가 1 m 45 cm인 끈 2개를 매듭으로 이어 묶었더니 2 m 55 cm가 되었습니다. 매듭을 묶는 데 사용한 끈의 길이는 몇 cm입니까?

(   )

[**확인 문제**]

1-1 언니의 키는 1 m 52 cm이고 현수의 키는 1 m 27 cm입니다. 언니는 현수보다 몇 cm 더 큽니까?

(   )

2-1 가 나무의 높이가 10 m일 때, 다 나무의 높이는 몇 m 몇 cm입니까?

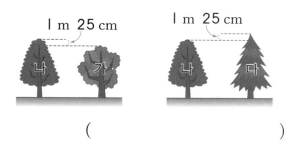

(   )

3-1 길이가 1 m 50 cm인 막대가 2개 있습니다. 두 개의 막대를 그림과 같이 15 cm 겹쳐지게 이어 붙였을 때, 이은 막대의 전체 길이는 몇 cm입니까?

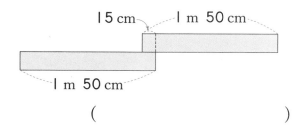

(   )

[**한 번 더 확인**]

1-2 A 빌딩의 높이는 63 m 70 cm이고, B 빌딩의 높이는 51 m 28 cm입니다. 어느 빌딩의 높이가 몇 m 몇 cm 더 높습니까?

(   ), (   )

2-2 빨간색 탑의 높이가 15 m일 때, 노란색 탑의 높이는 몇 m 몇 cm입니까?

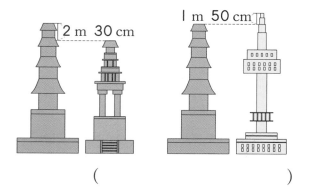

(   )

3-2 길이가 1 m 65 cm인 잠자리채에 1 m 17 cm짜리 막대를 32 cm씩 겹쳐지게 이어서 긴 잠자리채를 만들었습니다. 긴 잠자리채의 길이는 몇 cm입니까?

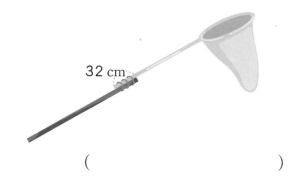

(   )

IV 측정 영역

[주제 학습 15] 도형에서의 길이

다음 사각형은 마주 보는 변의 길이가 같습니다. ㉠과 ㉡의 차는 몇 cm입니까?

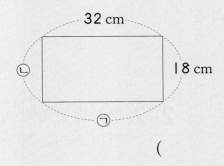

(   )

선생님, 질문 있어요!

Q. 사각형에서 가로, 세로는 무엇인가요?

A. 그림과 같은 사각형을 직사각형이라 하고, 직사각형에서 양옆으로 뻗은 선을 가로, 위아래로 뻗은 선을 세로라고 합니다.
직사각형은 가로 2개, 세로 2개로 이루어져 있습니다.

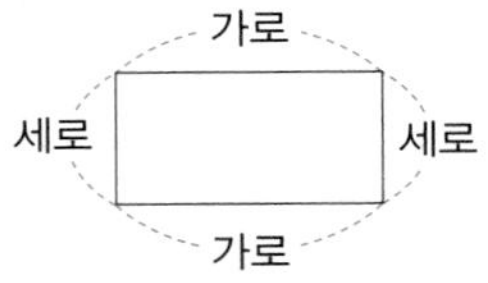

문제 해결 전략

① ㉠의 길이 알아보기
   ㉠은 사각형 위쪽의 길이가 32 cm인 변과 마주 보는 변이므로 32 cm입니다.
② ㉡의 길이 알아보기
   ㉡은 사각형 오른쪽의 길이가 18 cm인 변과 마주 보는 변이므로 18 cm입니다.
③ ㉠과 ㉡의 차 구하기
   32>18이므로 ㉠>㉡입니다.
   따라서 ㉠-㉡=32-18=14 (cm)입니다.

따라 풀기 1 오른쪽 사각형은 마주 보는 변의 길이가 같습니다. ㉠과 ㉡의 차는 몇 cm입니까?

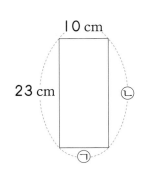

(   )

따라 풀기 2 오른쪽 사각형은 마주 보는 변의 길이가 같습니다. ㉠과 ㉡의 합은 몇 cm입니까?

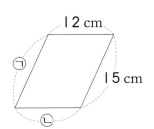

(   )

[확인 문제]

1-1 두 개의 타일을 길이가 같은 변끼리 겹치지 않게 이어 붙여서 하나의 큰 타일을 만들었습니다. 만든 타일의 모양은 어느 것입니까? ·····················( )

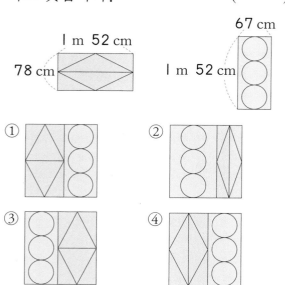

[한 번 더 확인]

1-2 두 도형을 길이가 같은 변끼리 겹치지 않게 이어 붙여서 만들 수 있는 도형을 모두 고르시오. ·····················( )

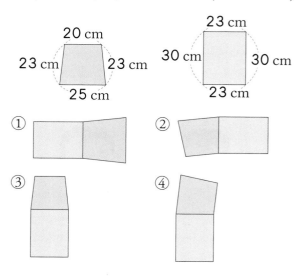

2-1 참치 캔의 둥근 부분의 둘레 길이를 재려고 합니다. 길이를 잴 수 있는 방법을 쓰시오.

_____

_____

_____

2-2 둘레가 3 cm인 분필에 끈을 3번 감으려고 합니다. 필요한 끈의 길이는 몇 cm입니까?

3 cm

( )

IV 측정 영역

[주제 학습 16] **24시로 시각 나타내기**

선생님, 질문 있어요!

준형, 지욱, 준수, 준호가 모형 시계에 시각을 나타내고 그 시각에 하는 일을 이야기하고 있습니다. 모형 시계에 나타낸 시각이 같은 사람의 이름을 쓰시오.

Q. 시각을 24시로 어떻게 표현하나요?

A. 시각을 24시로 표현하면 '분'을 읽는 방법은 똑같지만, '시'를 읽는 방법이 달라집니다. 오전 12시는 0시, 오전 1시는 1시……로 표현할 수 있고 오후 1시는 12시간+1시=13시와 같이 짧은바늘이 가리키는 수에 12를 더해서 말해 줍니다.

(   )

문제 해결 전략

① 모형 시계에 시각 나타내기

준형, 지욱, 준수, 준호가 말한 시각을 모형 시계에 나타내면 다음과 같습니다.

24시로 표현하면 시각만으로 오전인지 오후인지 알 수 있기 때문에 오전/오후라는 말은 사용하지 않아요.

② 모형 시계에 나타낸 시각이 같은 사람 찾아보기

따라서 모형 시계에 나타낸 시각이 같은 사람은 지욱이와 준수입니다.

따라 풀기 ① 다음 시각을 모형 시계에 나타낼 때 같은 것을 모두 고르시오. ……… (   )

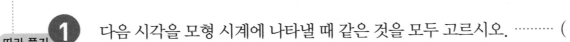

① 8시   ② 15시 30분   ③ 11시 30분

④ 9시 30분   ⑤ 3시 30분

[확인 문제]

1-1 다음 시각을 24시로 나타내시오.

(1)

(   )

(2)

(   )

[한 번 더 확인]

1-2 다음 시각을 24시로 나타내시오.

(1)

(   )

(2)

(   )

2-1 다음 영화 중에서 *상영 시간이 가장 짧은 영화를 쓰시오.

영화	시작 시각	끝나는 시각
동물 사전	10:00	12:40
형	15:10	17:20
닥터스	16:25	18:50

(   )

＊상영 시간: 극장에서 영화가 시작해서 끝나는 동안의 시간

2-2 다음 영화 중에서 상영 시간이 가장 긴 영화를 쓰시오.

영화	시작 시각	끝나는 시각
이상한 박사님	10:05	12:47
여름 왕국	12:15	14:53
동물나라	13:07	15:42

(   )

cm 단위의 길이

1

빨간색, 파란색, 노란색, 연두색 테이프가 있습니다. 가장 짧은 색 테이프의 길이가 20 cm일 때, 연두색 테이프의 길이는 몇 cm입니까?

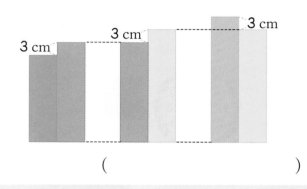

( )

전략 먼저 색 테이프의 길이가 짧은 것부터 순서대로 색깔을 써 봅니다.

2

다음과 같이 눈금이 없는 자 2개로 3 cm를 재는 방법을 쓰시오.

7 cm   10 cm

_____

_____

_____

전략 10 cm－7 cm＝3 cm를 눈금 없는 자로 나타낼 수 있는 방법을 생각해 봅니다.

3

종이테이프 3장을 다음과 같이 이어 붙였습니다. 이어 붙인 종이테이프의 전체 길이는 몇 cm입니까?

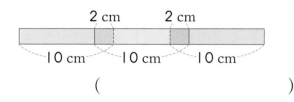

( )

전략 종이테이프 3장을 겹쳐지게 이어 붙이면 겹쳐지는 부분은 2군데입니다.

4

막대의 길이는 은희의 한 뼘 길이의 4배입니다. 은희의 한 뼘의 길이는 15 cm이고 현수의 한 뼘의 길이는 12 cm일 때 막대의 길이는 현수의 한 뼘 길이의 몇 배입니까?

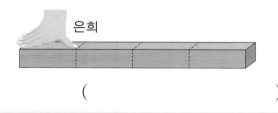

( )

전략 먼저 은희가 뼘으로 잰 길이를 통해 막대의 길이가 몇 cm인지 알아봅니다.

5

| 창의·융합 |

다음과 같이 코끼리, 병아리, 강아지 인형을 선반 위에 올려놓았습니다. 인형 뒤의 벽지 무늬의 길이가 다음과 같을 때, 길이가 같은 두 인형의 길이는 몇 cm입니까?
(단, 같은 색깔의 무늬는 길이가 같습니다.)

32 cm

8 cm
15 cm

(   )

전략 각 인형의 길이는 어느 색깔의 벽지 무늬가 몇 칸씩 인지 비교해 봅니다.

6

끈 한 개를 2번 접어 다음과 같이 잘랐더니 4개의 끈이 생겼습니다. 가장 긴 끈과 가장 짧은 끈의 길이의 차를 구하시오. (단, 접히는 부분의 길이는 생각하지 않습니다.)

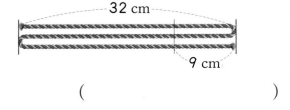

32 cm

9 cm

(   )

전략 자른 끈을 모두 펼친 후 각각의 길이를 비교하여 가장 긴 끈과 가장 짧은 끈의 길이의 차를 구합니다.

---

m 단위의 길이

7

그림과 같이 거리가 10 m인 도로의 양쪽에 2 m마다 나무를 심으려고 합니다. 나무는 모두 몇 그루가 필요합니까?

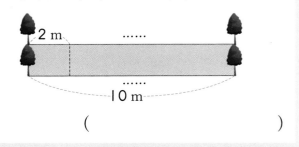

2 m ......

10 m

(   )

전략 먼저 도로에 나무를 심어야 하는 곳은 몇 군데인지 알아봅니다.

8

나무에 끈을 두 번 감아 매듭을 묶었습니다. 나무의 둘레는 3 m 26 cm이고 리본 모양의 매듭을 묶는 데 1 m 28 cm를 썼습니다. 끈의 길이는 몇 cm입니까?

(   )

전략 (전체 끈의 길이)=(나무의 둘레)+(나무의 둘레)
+(매듭의 길이)

Ⅳ
측
정
영
역

9

| 창의 · 융합 |

옛날 성을*발굴하던 중 벽에 다음과 같은 문장이 쓰여 있는 것을 보았습니다. 문장을 읽고 성벽 한 변의 길이는 몇 m인지 구하시오. (단, 곧은 선으로 걸어가며 | 보는 한 걸음으로 25 cm입니다. 성벽의 두께는 생각하지 않습니다.)

이 성은 네 변의 길이가 모두 같은 사각형 모양의 성벽에 둘러싸여 있다. 이 성벽의 각 변의 한가운데에 문이 있는데*남문으로 나와 남쪽으로 10보 걸어가면 나무 한 그루가 있다.*북문으로 들어가서 남쪽으로 50보를 걸어가면 남문 밖에 있는 나무에 도착한다.

*발굴: 땅 속이나 흙, 돌 더미 따위에 묻혀 있던 것을 찾아서 파냄.
*남문: 남쪽에 있는 문
*북문: 북쪽에 있는 문

(   )

전략 성벽의 한 변의 길이는 북문에서 나무까지의 거리에서 남문에서 나무까지의 거리를 빼서 구할 수 있습니다.

도형에서의 길이

10

길이가 다음과 같은 두 종류의 벽지를 벽에 겹치지 않게 붙였습니다. ㈎와 ㈏ 중 어느 것의 가로의 길이가 몇 cm 더 깁니까?

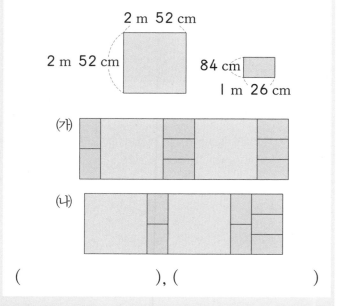

(   ), (   )

전략 ㈎, ㈏ 두 벽지의 가로는 모두 5칸이지만 분홍색 벽지를 붙인 방법이 다릅니다.

11

탁자 위에 똑같은 크기의 종이 2장을 다음과 같이 겹쳤더니 남는 부분 없이 꼭 맞았습니다. 탁자의 둘레는 몇 m 몇 cm입니까?
(단, 탁자의 다리는 생각하지 않습니다.)

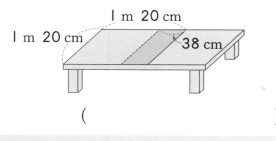

(   )

전략 먼저 탁자의 가로의 길이는
| m 20 cm+| m 20 cm−38 cm로 구합니다.

12

같은 크기의 사각형 두 개를 이용하여 ㈎, ㈏ 모양을 만들었습니다. ○ 안에 >, =, <를 알맞게 써넣으시오.

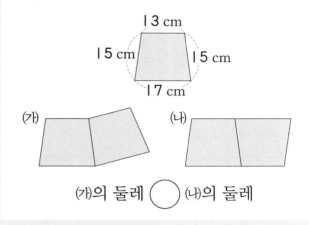

㈎의 둘레 ◯ ㈏의 둘레

전략 ㈎의 둘레는 13 cm인 변 2개, 15 cm인 변 2개, 17 cm인 변 2개를 더한 것과 같습니다.

13

각 변의 길이가 모두 3 cm인 사각형 모양의 타일 4개를 사용하여 다음과 같은 모양을 만들었습니다. 둘레가 더 긴 모양을 찾아 기호를 쓰시오.

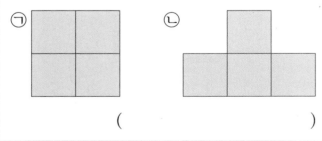

(   )

전략 사용한 타일의 모양과 개수가 같을 때 변끼리 닿는 부분이 많을수록 둘레는 짧아집니다.

14

두 도형을 길이가 같은 변을 이어 붙여서 하나의 도형으로 만들었습니다. 어떤 모양이 되는지 그리시오.

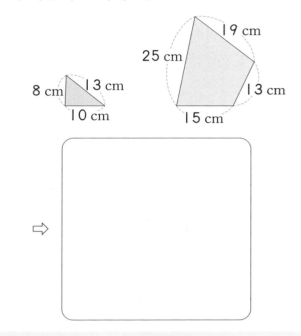

전략 두 도형에서 길이가 같은 변을 찾아 도형을 돌려 길이가 같은 변끼리 이어 붙입니다.

15

왼쪽의 상자 모양을 2개 붙여서 오른쪽과 같은 모양으로 만들었습니다. 오른쪽 모양의 □ 안에 알맞은 수를 써넣으시오.

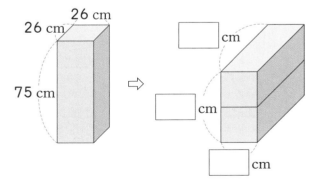

전략 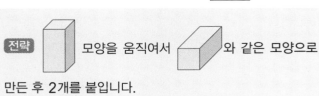 모양을 움직여서 ▱ 와 같은 모양으로 만든 후 2개를 붙입니다.

16

세 변의 길이가 모두 같은 삼각형 3개를 변 끼리 맞닿게 이어 붙여서 만든 도형의 둘레 는 몇 m 몇 cm입니까?

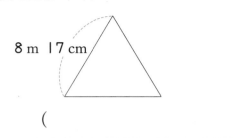

8 m 17 cm

( )

전략 삼각형 3개를 변끼리 이어 붙이면 어떤 모양이 되는 지 그려 봅니다.

17

길이가 12 m 72 cm인 철사를 구부려서 도형을 만들려고 합니다. 만들 수 <u>없는</u> 도 형을 찾아 기호를 쓰시오. (단, 한 도형의 변의 길이는 모두 같습니다.)

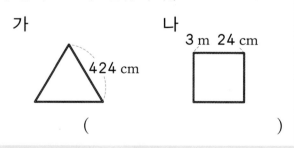

가   나
424 cm   3 m 24 cm

( )

전략 도형의 둘레가 12 m 72 cm보다 길면 만들 수 없 습니다.

24시로 시각 나타내기

18

정현이가 이모 댁에 심부름을 가는 데 집에 서 출발한 시각과 집에 돌아온 시각이 다음 과 같습니다. 이모 댁에 다녀오는 데 걸린 시 간은 몇 시간 몇 분입니까?

집에서 출발한 시각   집에 돌아온 시각

( )

전략 (걸린 시간)=(집에 돌아온 시각)
　　　　　　　－(집에서 출발한 시각)

19

모래시계의 모래가 한 번 다 내려가는 데 15분이 걸립니다. 현재 시각이 다음과 같 을 때, 모래가 모두 내려와 있는 모래시계 를 모래가 다 내려갈 때마다 뒤집어서 두 번 모래가 다 내려오면 몇 시 몇 분인지 알 맞은 시각에 ○표 하시오.

현재 시각

20:36   20:46

( )   ( )

전략 뒤집기 1번 15분 뒤집기 2번 15분

20

시아는 추석에 할머니 댁에 가는 데 9시간 30분이 걸렸습니다. 할머니 댁에 도착한 시각은 집에서 출발한 다음 날 오전 7시였습니다. 집에서 출발한 시각은 몇 시 몇 분인지 24시로 나타내시오.

(   )

> **전략** 출발한 시각이 오후 몇 시 몇 분인지 모형 시계에 나타내어 봅니다.

21

지형이와 지민이 중 누가 몇 시간 더 오래 잤습니까?

| 22:40 ⇨ 06:50 |
| 지형이가 잠든 시각   지형이가 일어난 시각 |
| 21:30 ⇨ 06:40 |
| 지민이가 잠든 시각   지민이가 일어난 시각 |

(   ), (   )

> **전략** 날짜가 바뀌었기 때문에 일어난 시각에서 잔 시각을 뺄 수는 없습니다.

22

|창의·융합|

A 비행기와 B 비행기의 인천에서 하와이까지 비행 시간을 알아보았습니다. A 비행기는 B 비행기보다 30분 일찍 출발했는데 하와이 공항에 30분 늦게 도착했습니다. A 비행기의 비행 시간이 9시간이었다면 B 비행기의 출발 시각은 몇 시 몇 분인지 24시로 나타내시오. (단, 출발 시각과 도착 시각은 모두 우리나라 시각입니다.)

A 비행기가 하와이 공항에
도착한 시각

(   )

> **전략** B 비행기는 A 비행기보다 30분 일찍 도착했으므로 하와이 공항에 도착한 시각은 7시 5분입니다.

> * 측정 영역에서의 코딩
> 측정 영역에서의 코딩 문제는 조건에 맞게 양의 늘어남과 줄어듦을 특정 순서까지 반복했을 때 얼마가 되는지 알아보는 유형입니다. 반복적으로 나타나는 규칙을 찾아 문제를 풀거나 도형 영역에서 배웠던 내용과 결합하여 문제를 풀어 봅니다.

1 다음 •명령어•에 따라 주사위를 굴리며 주사위가 지나간 자리를 본떠 그리고 있습니다. 본뜬 사각형이 7개가 되었을 때, 주사위가 지나온 자리를 그려 보고 그 모양의 둘레는 몇 cm인지 구하시오. (단, 처음 시작할 때에도 주사위를 본떠 그립니다.)

┌─── •명령어• ───────────────────────────────┐
│ • 주사위의 윗면의 눈의 수가 홀수이면 앞으로 한 칸 굴리기 │
│ • 주사위의 윗면의 눈의 수가 짝수이면 오른쪽으로 한 칸 굴리기 │
└──┘

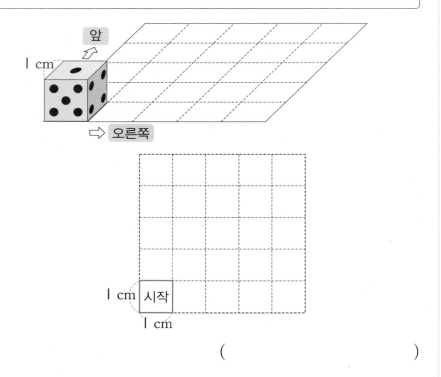

(   )

▶ 주사위는 모든 모서리의 길이가 같고 마주 보는 면의 눈의 합이 7입니다.
상자 모양에서 빨간색 선이 모두 모서리입니다.

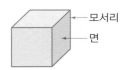
모서리
면

2 시작점에서 1분 동안 앞으로 17 m 32 cm를 가고 다시 1분 동안 8 m 17 cm 를 되돌아가는 것을 반복하는 로봇이 있습니다. 이 로봇이 움직이기 시작한 지 10분 후 로봇은 시작점에서 몇 m 몇 cm 떨어져 있습니까? (단, 로봇은 일직선 위에서만 움직입니다.)

▶ 2분 후 시작점과 로봇의 거리를 알아봅니다.

시간	1분 후	2분 후	3분 후	4분 후	……
움직인 거리	(앞으로) 17 m 32 cm	(뒤로) 8 m 17 cm	(앞으로) 17 m 32 cm	(뒤로) 8 m 17 cm	……
시작점과의 거리	17 m 32 cm	9 m 15 cm	26 m 47 cm	18 m 30 cm	……

(   )

3 시계 세 개가 있습니다. ㈎ 시계는 시각이 맞고, ㈏ 시계는 1시간마다 2분이 느려지고, ㈐ 시계는 1시간마다 4분이 빨라집니다. 오전 7시에 시계 세 개를 똑같이 맞췄습니다. ㈎ 시계의 시각이 다음 표와 같을 때, 빈 곳에 ㈏ 시계와 ㈐ 시계가 나타내는 시각을 각각 쓰시오.

▶ ㈎ 시계가 7시에서 15시가 되었음을 이용합니다.

		한 시간 후	……	
㈎	07:00	08:00	……	15:00
㈏	07:00	07:58	……	
㈐	07:00	08:04	……	

창의 · 사고

1 다음과 같이 철사를 2번 구부린 후 표시한 곳을 잘라 4개의 철사를 만들었습니다. 4개의 철사로 사각형 4개를 만들 때, □ 안에 알맞은 수를 써넣으시오. (단, 사각형은 네 변의 길이가 각각 같습니다.)

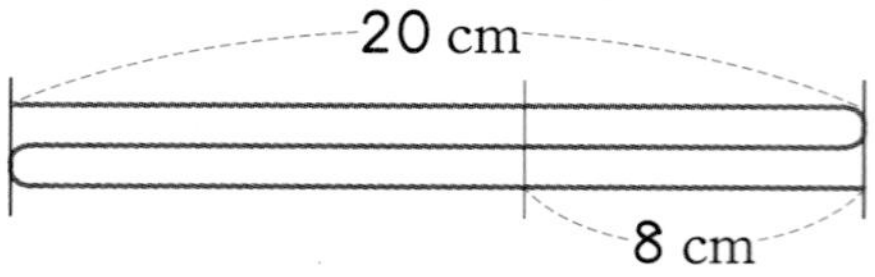

20 cm

8 cm

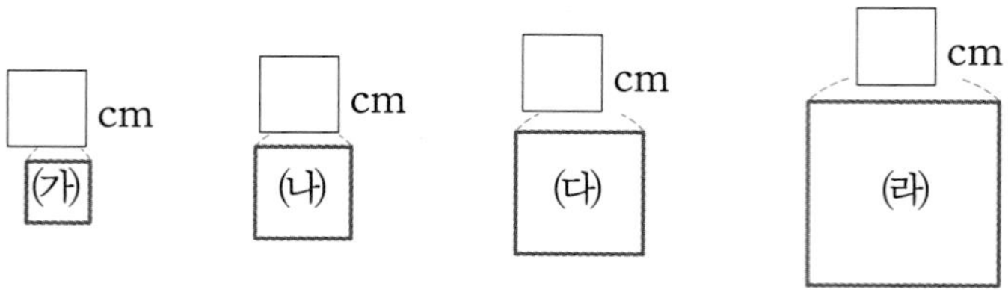

□ cm
(가)

□ cm
(나)

□ cm
(다)

□ cm
(라)

창의 · 사고

2 다음은 전체 길이가 12 cm이고 오른쪽 일부분의 눈금이 없는 자입니다. 1 cm, 2 cm, 3 cm, 4 cm 이외에 이 자를 이용하여 잴 수 있는 길이를 모두 쓰시오. (단, 자의 전체 길이보다 긴 길이는 잴 수 없고 자는 cm 단위로 접을 수 있습니다.)

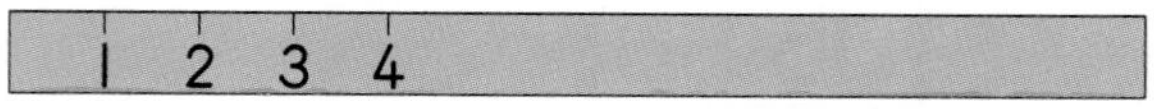

1 2 3 4

(   )

3 현수는 콘센트에서 컴퓨터 책상까지 닿는 멀티탭을 사려고 합니다. 멀티탭의 길이는 적어도 몇 m 몇 cm이어야 합니까? (단, 멀티탭은 벽면에 맞닿아야 합니다.)

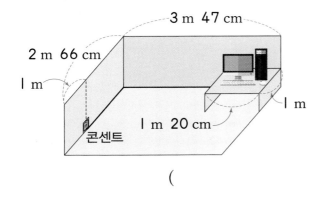

(   )

4 길이가 1 m 34 cm인 막대와 1 m 47 cm인 막대가 각각 한 개씩 있습니다. 이 막대 두 개를 이어서 2 m 30 cm보다 긴 막대를 만들려고 합니다. ☐ 안에 들어갈 수 있는 수 중 가장 큰 수를 써넣고 알맞은 말에 ◯표 하시오.

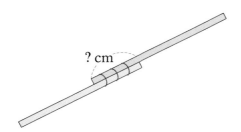

막대가 겹쳐지는 부분은 ☐ cm보다
(길어야, 짧아야)합니다.

창의·사고

5 가로, 세로의 길이가 다음과 같은 사각형 모양의 타일이
있습니다. 이 타일 6개를 변끼리 이어 붙여서 만들 수 있
는 사각형 중 둘레가 가장 긴 것과 가장 짧은 것의 둘레의
차는 몇 cm입니까?

3 cm

2 cm

(   )

창의·융합

6 모든 모서리의 길이가 같은 상자 2개에 그림과 같이 색
테이프를 둘렀습니다. 각 상자에 다음과 같은 길이의 색
테이프를 사용하였다면 두 상자에서 리본 모양 매듭 부분
의 길이의 합은 몇 cm입니까?

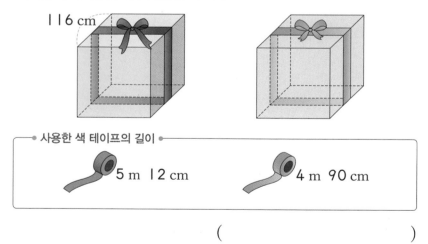

116 cm

● 사용한 색 테이프의 길이 ●

5 m 12 cm   4 m 90 cm

(   )

의사소통

7 영주와 지숙이가 인터넷으로 장난감을 주문하였습니다. 장난감을 주문하고 받을 때까지 누가 몇 시간 몇 분 더 오래 걸렸는지 구하시오.

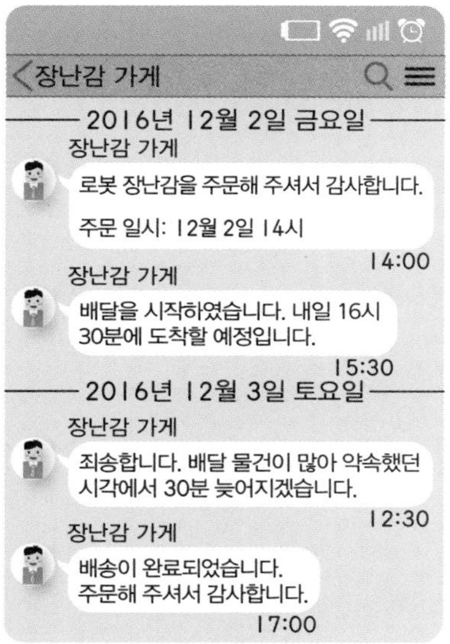

[영주가 받은 문자]

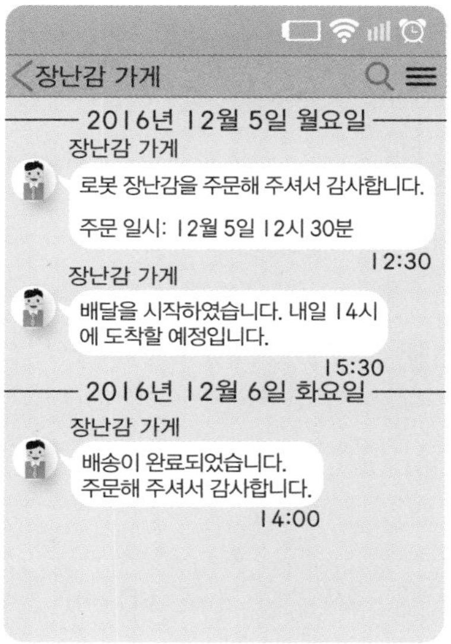

[지숙이가 받은 문자]

( ), ( )

생활 속 문제

8 영이는 9시에 학교에 가서 4시간 후에 집에 돌아옵니다. 영이가 집에 온 뒤 2시간 30분 후에 아빠가 오시면 함께 20분 거리의 *멀티플렉스 영화관에서 영화를 보려고 합니다. 엄마와 8시까지는 집에 오기로 약속했다면 볼 수 있는 영화관을 모두 쓰시오.

*멀티플렉스: 극장, 식당, 비디오 가게, 쇼핑 시설

등이 함께 있는 복합 건물

영화관	시작 시각	상영 시간	영화관	시작 시각	상영 시간
I관	15:28	2시간 17분	5관	17:27	2시간
2관	16:03	2시간 38분	6관	18:04	I시간 32분
3관	16:16	3시간	7관	18:36	2시간 13분
4관	17:14	2시간 35분	8관	19:00	2시간 6분

( )

특강 영재원 · **창의융합** 문제

9 하진이는 이사 온 새 방에 가구를 놓으려고 합니다. 방의 크기와 가구의 크기를 생각하여 이동하는 데 편리하도록 가구를 놓으려고 합니다. 2가지 다른 방법으로 가구를 놓아 보시오. (단, 모든 가구는 적어도 한쪽 면이 벽에 닿아 있어야 합니다.)

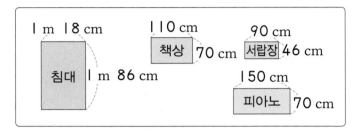

[방법 1]

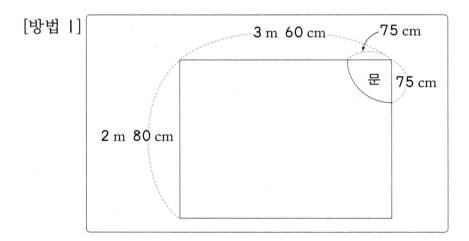

[방법 2]

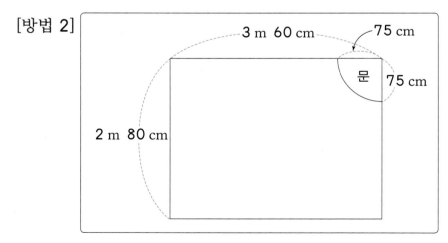

V
확률과 통계 영역

[주제 학습 17] 분류하기

준수는 운동을 다음과 같이 분류하였습니다. 어떤 기준으로 분류한 것인지 ㈎와 ㈏에 기준을 쓰고 •보기•에 있는 운동을 알맞은 기준에 써넣으시오.

㈎		㈏	
농구, 야구, 축구,		펜싱, 유도, 멀리뛰기,	

> •보기•
> 볼링, 배구, 태권도, 역도, 골프, 수영

문제 해결 전략

① 분류해 놓은 운동의 공통점 알아보기
㈎, ㈏에 있는 운동의 공통점을 찾아 보면 농구, 야구, 축구는 공을 사용하는 운동이고, 펜싱, 유도, 멀리뛰기는 공을 사용하지 않는 운동입니다.
② 운동의 분류 기준
따라서 분류한 기준은 ㈎는 공을 사용하는 운동, ㈏는 공을 사용하지 않는 운동입니다.
③ •보기•의 운동 분류하기
•보기•의 운동 중 공을 사용하는 운동은 볼링, 배구, 골프이고 공을 사용하지 않는 운동은 태권도, 역도, 수영입니다.

> **선생님, 질문 있어요!**
>
> **Q.** 분류는 왜 해야 하나요?
>
> **A.** 책상 서랍 안에 어지럽게 흩어져 있는 필기도구들을 종류별로 정리하면 쓰기 편리한 것과 같이 자료를 편리하게 사용하기 위해서 분류를 합니다.

> 여러 종류의 물건이 모여 있을 때 일정한 기준에 따라 나누는 것을 분류라고 해요.

따라 풀기 1 다음은 수진이가 옷을 분류한 것입니다. 옷을 분류한 기준을 쓰시오.

(   )

[확인 문제]

1-1 재활용품을 분류 배출하려고 합니다. 다음 재활용품을 보고 표의 빈칸에 알맞은 번호를 써넣으시오.

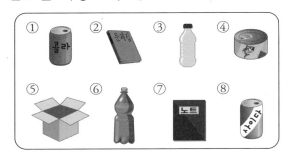

캔류	플라스틱류	종이류

[한 번 더 확인]

1-2 고은이는 어머니의 심부름 쪽지를 가지고 마트에 장을 보러 왔습니다. 고은이가 각 층에서 사야 할 물건을 표의 빈칸에 알맞게 써넣으시오.

층별 안내도	심부름 쪽지
3층 옷류 2층 문구류 1층 음식류	우유, 바나나 공책, 양말, 연필, 색종이 사과

1층	2층	3층

2-1 집에 있는 물건들을 특징에 따라 두 종류로 분류한 것입니다.

모임 1과 모임 2의 특징을 보고 다음 물건은 어느 모임에 들어가는지 빈칸에 알맞게 쓰시오.

2-2 도형을 표와 같이 분류하였습니다. ㈎, ㈏에 알맞은 분류 기준을 쓰고 나머지 도형을 기준에 따라 번호를 써넣으시오.

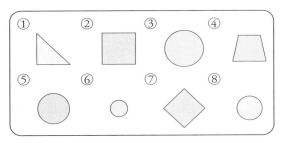

색 \ 모양	㈎ ☐ 모양	㈎ 모양이 아닌 것
㈏	③, ⑥	④
㈏색이 아닌 것	⑤, ☐	①, ②, ☐

[주제 학습 18] 표 만들기

오른쪽은 동욱이네 모둠 학생들이 좋아하는 운동을 조사한 것입니다. 조사한 자료를 보고 표로 나타내시오.

학생별 좋아하는 운동

이름	운동	이름	운동
동욱	농구	재준	야구
지철	야구	동국	축구
인나	야구	청아	농구
고은	축구	민호	축구

좋아하는 운동별 학생 수

운동	농구	야구	축구	합계
학생 수(명)				

선생님, 질문 있어요!

Q. 자료를 표로 나타내었을 때, 좋은 점은 무엇인가요?

A. 각 종류별로 비교할 때, 흩어진 자료를 표로 정리하면 한눈에 알아보기 좋습니다.

문제 해결 전략

① 좋아하는 운동의 종류 알아보기
   학생들이 좋아하는 운동의 종류는 농구, 야구, 축구입니다.
② 표에 알맞은 학생 수 구하기
   농구를 좋아하는 학생은 동욱, 청아이므로 2명입니다. 야구를 좋아하는 학생은 재준, 지철, 인나이므로 3명입니다. 축구를 좋아하는 학생은 동국, 고은, 민호이므로 3명입니다. 또 조사한 학생은 모두 2+3+3=8(명)입니다.

마지막에 자료의 합계와 표의 합계가 같은지 확인해 봐요.

따라 풀기 1

오른쪽은 신혜네 모둠 학생들의 생일을 조사한 것입니다. 각 계절별로 생일인 학생들이 몇 명씩 있는지 표로 나타내시오.(단, 12월, 1월, 2월은 겨울, 3월, 4월, 5월은 봄, 6월, 7월, 8월은 여름, 9월, 10월, 11월은 가을입니다.)

학생별 생일

이름	생일	이름	생일
신혜	2월 15일	지민	1월 21일
보검	6월 16일	솔희	8월 18일
소희	4월 3일	윤석	3월 31일
윤선	5월 9일	지현	10월 30일

태어난 계절별 학생 수

계절	봄	여름	가을	겨울	합계
학생 수(명)					

[**확인 문제**]

1-1 현장학습으로 가고 싶은 장소를 학생 한 명이 한 가지씩 칠판에 썼습니다. 장소별로 나누어 표로 나타내시오.

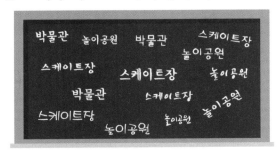

장소별 학생 수

장소	박물관	놀이공원	스케이트장	합계
학생 수(명)				

[**한 번 더 확인**]

1-2 조사한 자료를 보고 관광객 수를 나라별로 나누어 표로 나타내시오.

나라별 관광객 수

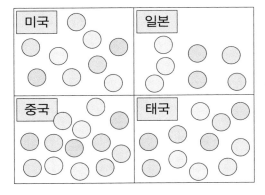

나라별 관광객 수

나라	미국	일본	중국	태국	합계
사람 수(명)					

2-1 모양을 만드는 데 도형 조각을 각각 몇 개씩 사용하였는지 표로 나타내시오.

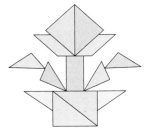

도형별 개수

도형	삼각형	사각형	합계
개수(개)			

2-2 도형을 쌓는 데 사용된 블럭을 색깔별로 나누어 표로 나타내시오.

색깔별 블록 개수

색	빨간색	초록색	노란색	합계
개수(개)				

V
확률과 통계 영역

[주제 학습 19] 그래프 그리기

다음 도형을 모양별로 분류하여 그래프를 그리려고 합니다. 각 모양별 도형의 개수를 /을 사용하여 그래프로 나타내시오.

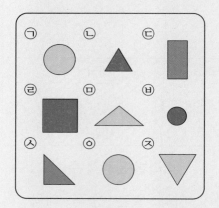

모양별 도형의 개수

개수(개) \ 모양	원	사각형	삼각형
5			
4			
3			
2			
1			

문제 해결 전략

① 도형을 모양별로 분류하기
원 모양은 ㉠, ㉤, ㉥, 사각형 모양은 ㉢, ㉣, 삼각형 모양은 ㉡, ㉢, ㉦, ㉧입니다.

② 모양별 도형의 개수
원 모양 3개, 사각형 모양 2개, 삼각형 모양 4개입니다.

③ 그래프로 나타내기
그래프에 각 모양의 개수만큼 아래에서부터 위로 한 칸에 하나씩 /을 그리면 원 모양에 3개, 사각형 모양에 2개, 삼각형 모양에 4개입니다.

그래프를 그릴 때에는 ○, ×, / 등 한 가지 모양을 한 칸에 한 개씩 그려요.

따라 풀기 1 위 도형을 색깔별로 분류하여 ○를 사용하여 그래프로 나타내시오.

색깔별 도형의 개수

개수(개) \ 색깔	노란색	빨간색	파란색
5			
4			
3			
2			
1			

[확인 문제]

1-1 승기네 모둠 학생들이 고리 던지기를 하여 들어간 고리의 개수를 나타낸 표입니다. 표를 보고 ◯를 사용하여 그래프로 나타내시오.

들어간 고리의 개수

이름	승기	지원	원주	준기
개수(개)	2	3	5	3

들어간 고리의 개수

5				
4				
3				
2				
1				
개수(개) \ 이름	승기	지원	원주	준기

[한 번 더 확인]

1-2 채원이가 매회 5개의 화살을 쏘아서 과녁에 맞힌 화살의 수를 표로 나타낸 것입니다. 과녁에 맞히지 못한 화살의 수를 ×를 사용하여 그래프로 나타내시오.

맞힌 화살의 수

회	1회	2회	3회	4회
개수(개)	4	2	3	2

맞히지 못한 화살의 수

4				
3				
2				
1				
개수(개) \ 회	1회	2회	3회	4회

2-1 지원이네 모둠 학생들의 가족 수를 조사하여 나타낸 표입니다. 표를 보고 ◯를 사용하여 그래프로 나타내시오.

가족 수별 학생 수

가족 수	3명	4명	5명	6명
학생 수(명)	3	5	3	1

가족 수별 학생 수

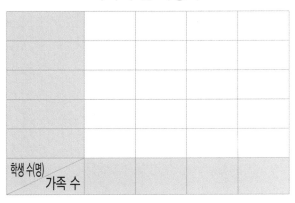

2-2 주희네 모둠 학생들이 제기를 찬 개수를 나타낸 표입니다. 표를 완성하고 ◯를 사용하여 그래프로 나타내시오.

제기차기 개수

이름	주희	채연	혜린	나율	합계
개수(개)	2		4	3	14

제기차기 개수

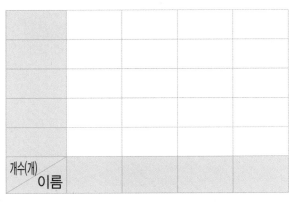

[주제 학습 20] 표와 그래프의 내용 알아보기

다음은 성호가 조사한 8월의 날씨입니다. 8월 중 안개가 끼거나 바람이 분 날에는 비행기가 *운항하지 않았습니다. 8월 중 비행기가 운항하지 못한 날은 모두 며칠입니까?

8월의 날씨별 날수

날씨	맑음	흐림	비	바람	안개	합계
날수(일)	12	1	10		3	31

(   )

문제 해결 전략

① 바람이 분 날수 구하기

(맑은 날수)+(흐린 날수)+(비 온 날수)+(바람 분 날수)+(안개 낀 날수)
=31이므로 바람이 분 날수를 구하기 위해서는 전체 날수에서 다른 날씨의 날수를 빼면 됩니다.

따라서 (바람 분 날수)=31-12-1-10-3=5(일)입니다.

② 비행기가 운항하지 못한 날수 구하기

(비행기가 운항하지 못한 날수)=(안개 낀 날수)+(바람 분 날수)
　　　　　　　　　　　　　　=3+5=8(일)

따라 풀기 1 다음은 소희네 반 학생들이 좋아하는 음식을 조사한 표입니다. 소희네 반 학생이 모두 30명이라고 할 때, 소희네 반 학생들에게 간식을 한 가지만 준다면 어떤 음식을 주는 것이 가장 좋겠습니까?

좋아하는 음식별 학생 수

음식	짜장면	피자	햄버거	떡볶이	치킨	합계
학생 수(명)	6	5	3	3		30

(   )

[확인 문제]

1-1 학생들이 좋아하는 계절을 조사한 표입니다. 표를 보고 알 수 있는 사실이 <u>아닌</u> 것을 모두 고르시오. ················(   )

좋아하는 계절별 학생 수

계절	봄	여름	가을	겨울
남학생 수(명)	4	1	7	9
여학생 수(명)	6	4	2	4

① 여학생은 남학생보다 많습니다.
② 조사한 학생은 모두 37명입니다.
③ 두 번째로 많은 학생들이 좋아하는 계절은 가을입니다.
④ 여학생들은 봄을 가장 많이 좋아합니다.
⑤ 여학생보다 남학생들이 더 좋아하는 계절은 가을과 겨울입니다.

2-1 일주일 동안 아침 달리기에 참여한 횟수별 학생 수를 그래프로 나타낸 것입니다. 조사한 학생이 모두 20명이라면 2번 참여한 학생은 몇 명입니까?

아침 달리기에 참여한 횟수별 학생 수

횟수＼학생 수(명)	1	2	3	4	5	6	7
4번	○						
3번	○	○	○	○	○	○	
2번							
1번	○	○	○	○			
0번	○	○					

(   )

[한 번 더 확인]

1-2 승미네 반 학생들이 가장 좋아하는 과일을 조사하여 나타낸 그래프입니다. 그래프를 보고 알 수 있는 사실을 모두 고르시오. ···············(   )

좋아하는 과일별 학생 수

학생 수(명)＼과일	귤	포도	사과	바나나
5				○
4		○		○
3		○	○	○
2	○	○	○	○
1	○	○	○	○

① 사과를 좋아하는 학생이 포도를 좋아하는 학생보다 1명 많습니다.
② 조사한 학생 수는 14명입니다.
③ 가장 많은 학생들이 좋아하는 과일은 바나나입니다.
④ 학생들은 귤을 가장 싫어합니다.

2-2 정희네 반 학생들이 좋아하는 색깔을 조사하여 나타낸 표입니다. 빨간색을 좋아하는 학생 수와 파란색을 좋아하는 학생 수가 같다고 할 때 표를 완성하시오.

좋아하는 색깔별 학생 수

색	빨간색	파란색	노란색	초록색	합계
학생 수(명)			9	4	25

| 분류하기 |

1

다음 수를 기준에 따라 분류하였습니다. 어떤 기준에 따라 분류한 것인지 쓰시오.

11 37 32 42
44 22 14 21 29
31 43 15 33

⇩

모임1	모임2	모임3	모임4
11, 15, 14	22, 21, 29	31, 32, 33, 37	42, 43, 44

(   )

전략 각 모임에 있는 수들의 공통점을 찾아 봅니다.

2

단추를 기준에 따라 분류하려고 합니다. 기준 ㉮에 따라 분류하면 ④번 단추만 다른 분류에 들어가고, 기준 ㉯에 따라 분류하면 ①번 단추만 다른 분류에 들어갑니다. ㉮, ㉯에 들어갈 알맞은 분류 기준을 쓰시오.

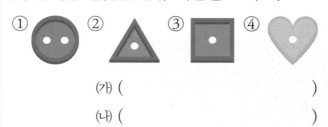

① ② ③ ④

㉮ (   )

㉯ (   )

전략 단추들이 가지고 있는 특징에는 어떤 것들이 있는지 찾아 봅니다.

3

도깨비를 기준을 정하여 분류한 것입니다. 어떤 기준에 따라 분류한 것인지 쓰시오.

모임1	모임2

(   )

전략 모임1과 모임2에 있는 도깨비들의 공통점을 각각 찾아 봅니다.

4

| 창의·융합 |

화빈, 민호, 성호, 지훈, 윤호, 주혁이가 방학에 태국에 가서 태국 왕궁을 관람하려고 했습니다. 그런데 6명 중 민호, 지훈, 주혁이만 왕궁에 입장할 수 있었고, 나머지 학생들은 입장하지 못하였다고 합니다. 왕궁에 입장할 수 있는 기준은 무엇인지 쓰시오.

화빈 민호 성호 지훈 윤호 주혁

(   )

전략 왕궁에 입장한 학생들과 입장하지 못한 학생들의 특징을 각각 찾아 봅니다.

| 표 만들기 |

5

현수네 반 학생들의 수행평가 점수입니다. 점수가 90점부터 100점까지는 '◎', 80점부터 89점까지는 '○', 70점부터 79점까지는 '□', 0점부터 69점까지는 '△'로 나타낼 때 표를 완성하시오.

수행평가 점수

13점	75점	41점	87점	90점
90점	91점	0점	51점	73점
79점	61점	100점	98점	85점
91점	70점	60점	90점	100점
76점	92점	66점	85점	85점

수행평가 점수별 학생 수

점수	◎	○	□	△	합계
학생 수(명)					

전략 점수 옆에 범위 별로 서로 다른 기호를 써서 세어 봅니다.

6

오른쪽 모양을 만들기 위해 사용한 도형 조각을 기준을 정하여 분류하고 표로 나타내시오.

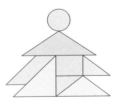

전략 모양 조각이 가지고 있는 특징 중 한 가지를 선택하여 다른 도형과 비교하여 봅니다.

7

다음은 9월의 날씨를 나타낸 달력입니다. 달력을 보고 표의 빈칸에 알맞은 날수를 써 넣고 24일의 날씨에 ○표 하시오.
(단, ☁과 ☂의 날수는 같습니다.)

9월

일	월	화	수	목	금	토
					1 ☀	2 ☀
3 ☁	4 ☀	5 ☁	6 ☀	7 ☀	8 ☂	9 ☀
10 ☁	11 ☂	12 ☀	13 ☂	14 ☀	15 ☀	16 ☀
17 ☁	18 ☀	19 ☀	20 ☂	21 ☁	22 ☀	23 ☂
24	25 ☁	26 ☀	27 ☀	28 ☀	29 ☀	30 ☁

☀ 맑은 날, ☁ 흐린 날, ☂ 비 온 날

9월의 날씨별 날수

날씨	☀	☁	☂	합계
날수(일)		7		30

(☀ , ☁ , ☂)

전략 달력에서 맑은 날, 흐린 날, 비 온 날수를 각각 세어 봅니다.

V
확률과 통계 영역

8

학생들이 좋아하는 색깔을 조사한 것을 표로 나타내던 중 실수로 자료와 표의 일부분이 지워졌습니다. 지워진 부분에 알맞은 색깔과 수를 써넣으시오. (단, 재하와 미경이는 같은 색을 좋아합니다.)

좋아하는 색깔

이름	색깔	이름	색깔	이름	색깔
재하		명진	초록	정봉	초록
진이	노랑	경연	노랑	상원	빨강
재희	초록	미경		찬미	
소희	초록	숙희	초록	미화	노랑

좋아하는 색깔별 학생 수

색깔	빨강	노랑	초록	보라	합계
학생 수(명)		3	5	1	12

전략 좋아하는 색깔별 학생 수를 표로 나타낸 후 모두 더하면 전체 학생 수가 됩니다.

9

| 창의·융합 |

다음은 어느 동요의 일부분입니다. 악보를 보고 표로 나타내시오.

악보에서 음별 개수

음				합계
개수(개)				

전략 악보에 나온 음의 종류를 찾아봅니다.

그래프 그리기

10

제희네 모둠 친구들이 오른쪽과 같은 과녁을 운동장에 그린 후 공깃돌을 던지는 놀이를 하였습니다.

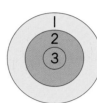

맞힌 색깔에 적힌 수만큼 점수를 얻는다고 할 때, ○를 사용하여 그래프를 완성하고 1등인 사람의 이름을 쓰시오.

회 이름	1회	2회	3회	4회
제희				
솔희				
선홍				
민구				

10				
9				
8				
7				
6				
5				
4				
3				
2				
1				
점수(점) 이름	제희	솔희	선홍	민구

(   )

전략 각 색깔별 점수를 확인하고, 네 명의 점수를 각각 구한 후 그래프에 나타냅니다.

11

지난주 경연이네 반의 모둠별 칭찬 점수입니다. ☀은 2점, ☁은 1점, ☂은 0점씩 받는다고 할 때, △를 사용하여 모둠별 점수 그래프를 완성하시오. 또 지난주에 칭찬 점수가 가장 높은 모둠을 쓰시오.

	월	화	수	목	금
1모둠	☀	☂	☁	☁	☂
2모둠	☁	☁	☁	☂	☁
3모둠	☀	☂	☀	☂	☀
4모둠	☁	☀	☁	☀	☂
5모둠	☁	☂	☀	☂	☁
6모둠	☀	☀	☁	☀	☁

모둠별 점수

1모둠					
2모둠					
3모둠					
4모둠					
5모둠					
6모둠					
모둠＼점수(점)	2	4	6	8	10

( )

전략 표의 가로와 세로가 나타내는 것을 잘 살펴보고 자료를 그래프로 알맞게 표현합니다.

12

도서관에서 책을 일주일에 3권보다 더 많이 읽는 학생에게는 붙임딱지 3장, 2권 또는 3권 읽는 학생에게는 붙임딱지 2장, 1권 읽은 학생에게는 붙임딱지 1장을 준다고 합니다. □를 사용하여 그래프를 완성하고 1모둠과 2모둠의 붙임딱지 수의 차는 몇 장인지 구하시오.

1모둠의 학생별 읽은 책 수

이름	책 수	이름	책 수	이름	책 수
민지	1권	영표	1권	선규	3권
유정	2권	영신	2권	성배	1권
고운	1권	효준	1권	성윤	5권
아름	3권	지호	2권	상민	3권

2모둠의 학생별 읽은 책 수

이름	책 수	이름	책 수	이름	책 수
성호	2권	희창	4권	세한	1권
성민	1권	종헌	3권	민서	4권
채연	6권	태우	3권	소현	3권
혜린	5권	민우	2권	시우	1권

모둠별 붙임딱지 수

25		
20		
15		
10		
5		
붙임딱지 수(장)＼모둠	1모둠	2모둠

( )

전략 책을 1권 읽은 학생, 2권 또는 3권 읽은 학생, 3권보다 많이 읽은 학생으로 나누어 표를 만듭니다.

표와 그래프의 내용 알아보기

13

성민이네 반 학생들의 혈액형을 조사하여 나타낸 표입니다. 남학생이 14명일 때 여학생은 몇 명인지 구하시오.

혈액형별 학생 수

혈액형	A형	B형	O형	AB형
학생 수(명)	11명	3명	8명	1명

( )

전략 먼저 성민이네 반 전체 학생은 모두 몇 명인지 구해 봅니다.

14

현수네 반 학생 22명의 좋아하는 색깔과 책을 조사하여 나타낸 표입니다. 소설책을 좋아하는 학생과 만화책을 좋아하는 학생 수가 같다면 빨간색을 좋아하는 학생 수와 만화책을 좋아하는 학생 수의 차는 몇 명입니까?

좋아하는 색깔별 학생 수

색	빨간색	파란색	노란색	초록색
학생 수(명)		5	6	7

좋아하는 책별 학생 수

책	소설책	역사책	만화책	과학책
학생 수(명)		3		5

( )

전략 먼저 소설책과 만화책을 좋아하는 학생 수의 합을 구한 후 각각을 좋아하는 학생 수를 구합니다.

15

준수네 반 학생들이 좋아하는 음료수를 조사하여 나타낸 표입니다. 탄산음료를 좋아하는 학생 수가 이온 음료를 좋아하는 학생 수의 2배일 때 이온 음료를 좋아하는 학생 수는 몇 명입니까?

좋아하는 음료수별 학생 수

음료수	탄산음료	주스	우유	이온음료	합계
학생 수(명)		5	3		26

( )

전략 먼저 탄산음료와 이온 음료를 좋아하는 학생 수의 합을 구합니다.

16

그래프를 보고 잘못된 점을 2가지 쓰시오.

좋아하는 무늬별 학생 수

학생 수(명) / 무늬	하트	원	별	줄
5	♡			目
4			☆	目
3	♡			目
2		○	☆	目
1	♡	○		目

_____

_____

전략 먼저 그래프의 특징을 살펴봅니다.

17

| 창의·융합 |

배달 *애플리케이션에서 어제 하루 동안 사람들이 주문한 음식에 대하여 조사한 그래프입니다. 가장 많이 주문한 음식과 가장 적게 주문한 음식의 사람 수의 차를 구하시오.

주문한 음식별 사람 수

사람 수(명) \ 음식	*중식	한식	치킨	피자	*일식
18	×				
15	×				
12	×		×		
9	×	×	×	×	
6	×	×	×	×	×
3	×	×	×	×	×

(   )

전략 먼저 그래프에서 주문한 사람 수를 나타내는 세로 한 칸이 몇 명을 나타내는지 알아봅니다.

*애플리케이션: 스마트폰의 응용 프로그램
*중식: 중국 음식   *일식: 일본 음식

18

배드민턴 대회에 각 반에서 대표로 3명씩 경기를 하였을 때 경기 결과입니다. 1등 9점, 2등 8점, 3등 7점…… 8등 2점, 9등 1점을 준다고 합니다. 각 등수별 반과 반별 점수 그래프가 다음과 같을 때 1등, 2등, 3등은 각각 몇 반인지 구하시오.

등수별 반

등수	1등	2등	3등	4등	5등	6등	7등	8등	9등
반				3반	3반	1반	2반	1반	2반

반별 점수

점수(점) \ 반	1반	2반	3반
18			○
15	○		○
12	○	○	○
9	○	○	○
6	○	○	○
3	○	○	○

1등 (   )

2등 (   )

3등 (   )

전략 표와 그래프에서 각 반의 점수의 합을 구한 후 얼마가 모자라는지 비교해 봅니다.

V 확률과 통계 영역

1 기계의 버튼을 ㉮와 ㉯의 기준에 따라 분류하였을 때, 색칠한 부분에 들어갈 버튼의 특징을 쓰시오.

▶ 버튼의 특징을 찾아 공통점이 있는 것끼리 묶을 수 있는 기준을 찾아봅니다.

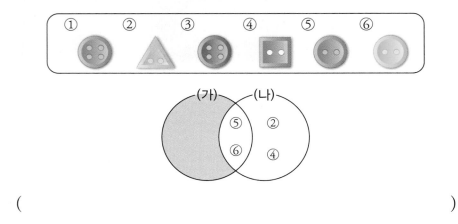

(   )

2 소희는 학교 주변 교통안전 캠페인을 하기 위하여 10분 동안 학교 앞을 지나가는 탈 것들을 공책에 모두 적었습니다. 공책에 적은 탈것들을 바퀴 수를 기준으로 분류하고 표로 나타내시오.

▶ 바퀴의 개수가 같은 탈것끼리 묶어 봅니다.

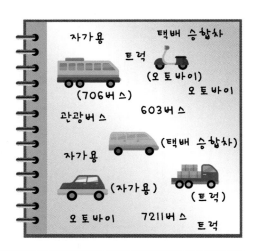

바퀴 수				
대수(대)				

3 다음 카드를 기준을 정하여 두 단계로 분류하였습니다. 두 장의 카드만 분류를 마쳤다고 할 때, ㈎와 ㈏에 알맞은 기준을 쓰고 나머지 카드를 분류하여 번호를 써넣으시오.

▶ 3번과 6번, 8번의 차이점과 6번과 8번의 차이점을 각각 찾아봅니다.

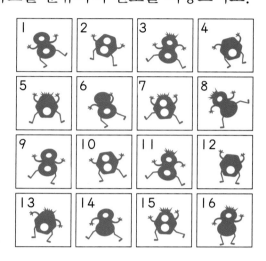

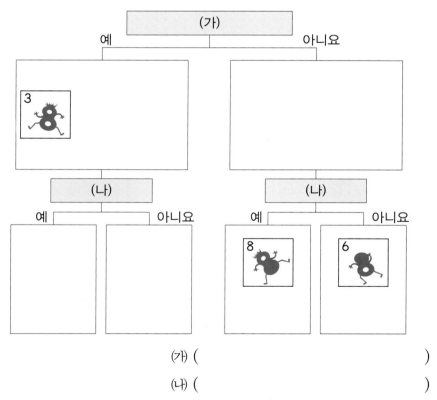

㈎ (   )

㈏ (   )

1 어느 인터넷 쇼핑몰의 상품 분류를 나타낸 것입니다. 잘 못된 곳을 찾아 ○를 하고 이유를 쓰시오.

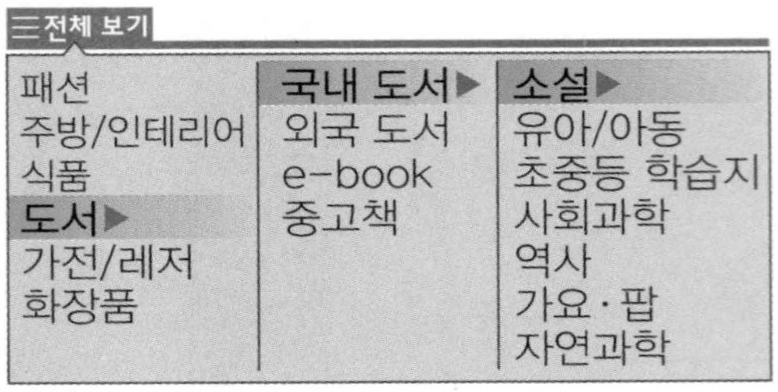

☰ 전체 보기		
패션	**국내 도서▶**	**소설▶**
주방/인테리어	외국 도서	유아/아동
식품	e-book	초중등 학습지
도서▶	중고책	사회과학
가전/레저		역사
화장품		가요·팝
		자연과학

[이유] _____

생활 속 문제

2 민희의 일기를 보고 생일에 받고 싶어 하는 선물을 나타 낸 그래프를 완성하시오.

> ○월 ○일 날씨 맑음
> 오늘 학교에서 우리 반 친구 22명에게 생일에 받고 싶
> 어 하는 선물을 조사했는데 문구류, 게임기, 전자 기기,
> 과자, 의류가 나왔다. 게임기와 전자 기기를 받고 싶어
> 하는 친구들의 수가 똑같았고 과자를 받고 싶어 하는
> 사람은 나뿐이어서 외로웠다.ㅠㅠ

생일에 받고 싶은 선물

학생 수(명) \ 종류	문구류	게임기	과자	의류
7				
6				
5				
4				○
3	○			○
2	○			○
1	○			○

정보처리

3 다음은 주사위 2개를 16번 던진 결과입니다. 다음 자료를 보고 주사위 눈의 수의 차를 표로 나타내시오.

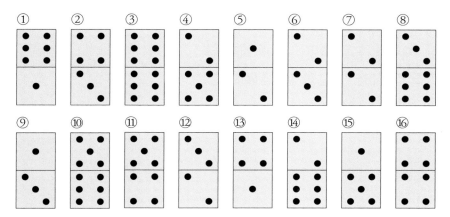

주사위 눈의 수의 차

눈의 수의 차	0	1	2	3	4	5	합계
횟수(번)							

4 어떤 가게에서 요일과 손님 수가 어떤 관계가 있는지 알아보기 위해 14일 동안 조사한 자료입니다. 자료를 표로 나타내고, 알 수 있는 사실을 두 가지 쓰시오.

날짜(요일)	손님 수(명)	날짜(요일)	손님 수(명)	날짜(요일)	손님 수(명)
1일(일)	28	6일(금)	29	11일(수)	18
2일(월)	15	7일(토)	30	12일(목)	18
3일(화)	17	8일(일)	30	13일(금)	22
4일(수)	22	9일(월)	12	14일(토)	24
5일(목)	26	10일(화)	16		

요일별 손님 수

요일	월	화	수	목	금	토	일
손님 수(명)							

5 ⬜1⬜, ⬜2⬜, ⬜3⬜, ⬜4⬜, ⬜5⬜ 5장의 수 카드 중 한 장을 뽑
아서 가장 큰 수는 3점, 두 번째로 큰 수는 2점, 가장 작
은 수는 1점을 주어 마지막에 점수가 가장 높은 학생이
이기는 게임을 하고 있습니다. 게임을 5번 하는 동안 혜
린, 나율, 채연이가 뽑은 수 카드가 다음과 같을 때, 그래
프를 완성하고 1등은 누구인지 이름을 쓰시오.

학생들이 뽑은 수 카드

이름 \ 회	1	2	3	4	5
혜린	5	2	2	2	2
나율	3	5	1	4	1
채연	4	1	4	5	3

학생별 게임 점수

점수 (점)	1	2	3	4	5	6	7	8	9	10	11	12
혜린												
나율												
채연												

(   )

6 다음은 성윤이네 반 학생들이 이번 달에 참가한 동아리
활동 시간별 학생 수를 조사한 것입니다. 성윤이네 반 학
생들이 한 달 동안 참가한 동아리 활동 시간은 모두 몇 시
간인지 구하시오.

참가한 동아리 활동 시간별 학생 수

시간	2시간	4시간	6시간	8시간	합계
학생 수(명)	2	8		7	26

(   )

7 다음은 지욱이네 반 여학생 12명과 남학생 12명에게 좋아하는 빵을 조사한 그래프입니다. 그래프를 완성하고 좋아하는 여학생 수와 남학생 수의 차가 가장 큰 빵을 쓰시오.

좋아하는 빵별 학생 수

5												
4												
3			○	△								
2		△	○	△						△		
1	○	△	○	△			○	△	○	△	○	△
학생 수 / 빵 종류	소보루		크림		피자		단팥		치즈		슈크림	

○ 여학생, △ 남학생

(   )

창의・사고

8 준수네 모둠 학생 4명이 한 달 동안 읽은 책의 수를 조사하여 나타낸 그래프입니다. 모둠 학생들이 한 달 동안 읽은 책이 모두 80권이라면 준수가 한 달 동안 읽은 책은 몇 권입니까? (단, 그래프의 세로 한 칸은 1권보다 많습니다.)

한 달 동안 읽은 책 수

			○	
		○	○	
		○	○	
		○	○	○
	○	○	○	○
	○	○	○	○
	○	○	○	○
책 수(권) / 이름	준수	준형	현수	정훈

(   )

V 확률과 통계 영역

특강 영재원·**창의융합** 문제

❖ 다음은 한 달 동안 일어난 장소별 학교 안전 사고
  발생 횟수와 상처 종류별 학생 수를 표와 그래프
  로 나타낸 것입니다. 표와 그래프를 보고 물음에
  답하시오. (**9~10**)

장소별 안전사고 횟수

장소	운동장	복도	놀이터	교실	강당	합계
사고 횟수(번)	5	3	7	6	8	

상처 종류별 학생 수

상처 종류＼학생 수(명)	1	2	3	4	5	6	7	8	9	10	11
가벼운 상처	○	○	○	○	○	○	○	○	○	○	○
피가 난 상처	○	○	○	○	○	○	○	○			
멍든 상처	○	○	○	○	○	○	○	○	○		
뼈가 부러짐	○										

9 한 달 동안 일어난 학교 안전 사고는 몇 건입니까?

(   )

10 학교에서 학생들을 위해 할 수 있는 일을 쓰시오.

_____

_____

_____

_____

VI
규칙성 영역

[주제 학습 21] 덧셈표와 곱셈표에서 규칙 찾기

덧셈표를 보고 규칙을 찾아 ●, ★에 알맞은 수의 합을 구하시오.

+	2	4	6	8	10
1	3	5	7	9	11
4	6	8			
7	9			●	
10	12				★

( )

선생님, 질문 있어요!

Q. 덧셈이나 곱셈표에서 규칙은 어떻게 찾을 수 있나요?

A. 가로, 세로, 대각선을 살펴보고 수가 어떻게 변하고 있는지 알아봅니다.

문제 해결 전략

① ●에 알맞은 수 구하기
덧셈표의 가로는 오른쪽으로 한 칸씩 갈 때마다 2씩 커지는 규칙입니다.
●는 9에서 오른쪽으로 3칸 간 곳이므로 9+2+2+2=15입니다.

② ★에 알맞은 수 구하기
덧셈표의 세로는 아래쪽으로 한 칸씩 내려갈 때마다 3씩 커지는 규칙입니다.
★은 11에서 아래쪽으로 3칸 내려간 곳이므로 11+3+3+3=20입니다.

③ ●와 ★에 알맞은 수의 합 구하기
따라서 ●+★=15+20=35입니다.

참고

덧셈표는 색칠된 가로와 세로에 있는 두 수의 합으로 구하지만 더하는 수와 더해지는 수가 일정하게 커지면 가로와 세로로 수가 일정하게 커지는 규칙을 찾아서 구할 수 있습니다.

따라 풀기 ① 덧셈표에서 분홍색으로 색칠된 빈칸에 알맞은 수를 모두 더하면 얼마입니까?

+	1	2	3	4	5
1	2	3	4	5	6
2	3	4			
3	4				
4					
5					

( )

[확인 문제]

1-1 표를 보고 규칙을 찾아 색칠된 칸에 알맞은 수를 써넣으시오.

22	25	28	
	27		
	29		

2-1 덧셈을 이용한 수 배열에서 규칙을 찾아 ●와 ★에 알맞은 수의 합을 구하시오.

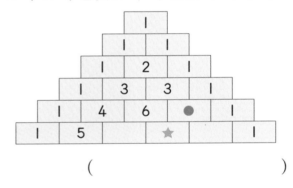

(   )

3-1 색칠된 수의 규칙을 찾아 나머지 수에 모두 색칠하시오.

1	2	3	4	5
6	7	8	9	10
11	12	13	14	15
16	17	18	19	20
21	22	23	24	25
26	27	28	29	30

[한 번 더 확인]

1-2 곱셈표의 규칙을 찾아 색칠된 칸에 알맞은 수를 써넣으시오.

×	1	2	4	
4		8	16	32
	6		48	
8	8	16		

2-2 곱셈을 이용한 수 배열에서 규칙을 찾아 ㉠에 알맞은 수를 구하시오.

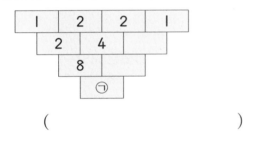

(   )

3-2 색칠된 수의 규칙을 찾아 나머지 수에 색칠하시오.

1	2	3	4	5
6	7	8	9	10
11	12	13	14	15
16	17	18	19	20
21	22	23	24	25

[주제 학습 22] 무늬에서 규칙 찾기

규칙에 따라 도형을 다음과 같이 나열하였습니다. 규칙을 찾아 빈칸에 알맞은 모양을 그리시오.

       ······

선생님, 질문 있어요!

Q. 두 개의 무늬가 합쳐진 도형끼리의 규칙은 어떻게 찾을 수 있나요?

A. 도형의 모양, 색깔, 다른 무늬별로 나누어 생각해 보면 규칙을 찾기 쉽습니다.

도형의 모양과 점의 개수의 규칙을 각각 찾아봐.

문제 해결 전략

① 도형의 모양 규칙 찾기
도형의 모양에서 규칙을 찾아보면 사각형, 삼각형, 원 모양이 반복되는 것을 알 수 있습니다.

② 도형 안쪽 점의 개수 규칙 찾기
도형 안쪽 점의 개수의 규칙을 찾아보면 1개, 2개가 반복되는 것을 알 수 있습니다.

③ 빈칸에 알맞은 모양 구하기
따라서 빈칸에 알맞은 도형의 모양은 원 모양 다음이므로 사각형 모양이고 안쪽에 들어갈 점의 개수는 2개 다음이므로 1개입니다.

따라서 빈칸에 알맞은 모양은 입니다.

따라 풀기 1 원에 색칠한 규칙을 찾아 왼쪽 원의 규칙과 같게 오른쪽 원을 색칠하시오.

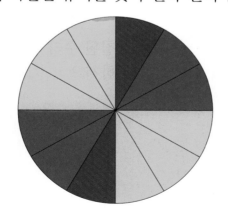 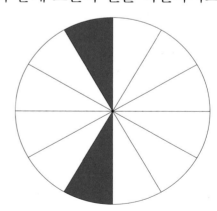

[확인 문제]

1-1 다음과 같은 규칙으로 나열된 도형에서 12번째 도형은 어느 것입니까?(　　　)

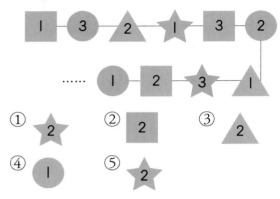

[한 번 더 확인]

1-2 다음과 같은 규칙으로 나열된 도형에서 11번째 도형은 어느 것입니까?(　　　)

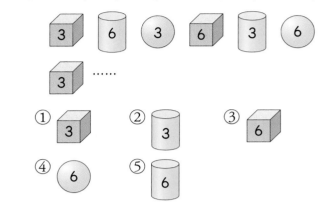

2-1 규칙을 찾아 3번째 모양에 색칠하시오.

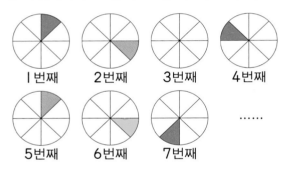

2-2 규칙을 찾아 6번째 모양에 색칠하시오.

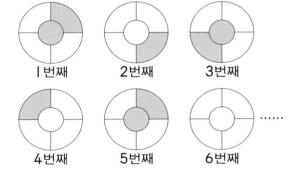

3-1 규칙을 찾아 빈칸에 알맞은 도형을 그리시오.

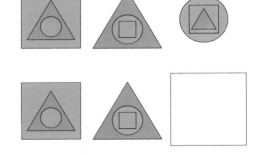

3-2 규칙을 찾아 빈칸에 9번째 모양을 그리시오.

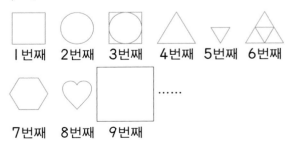

Ⅵ
규
칙
성
영
역

[주제 학습 23] 쌓은 모양에서 규칙 찾기

오른쪽과 같이 한 층에 4개씩 4층까지 쌓으려
고 합니다. 쌓기나무는 모두 몇 개 필요합니까?

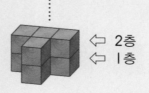

⇦ 2층
⇦ 1층

(   )

> **선생님, 질문 있어요!**
>
> **Q.** 쌓은 모양에서 규칙을 어떻게 찾을 수 있나요?
>
> **A.** 주어진 모양에서 정보를 찾거나 앞뒤 모양의 변화를 잘 살펴보면 규칙을 찾을 수 있습니다.

문제 해결 전략

① 쌓기나무를 쌓은 규칙 찾기
   쌓기나무를 한 층에 4개씩 쌓는 규칙입니다.
② 4층까지 쌓을 때 필요한 쌓기나무의 수 구하기
   1층부터 4층까지 층마다 4개씩 쌓아야 하므로 쌓기나무는 모두
   $4 \times 4 = 16$(개) 필요합니다.

따라 풀기 1 규칙을 찾아 6번째 모양을 쌓기 위해 필요한 쌓기나무는 모두 몇 개인지 구하시오.

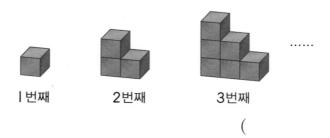

1번째   2번째   3번째

(   )

따라 풀기 2 규칙을 찾아 5번째 모양을 쌓기 위해 필요한 쌓기나무는 모두 몇 개인지 구하시오.

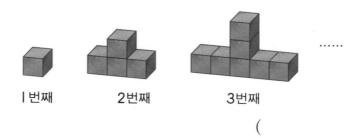

1번째   2번째   3번째

(   )

[확인 문제]

1-1 다음과 같은 규칙으로 5층까지 쌓았을 때, 삼각형과 사각형은 각각 몇 개인지 구하시오.

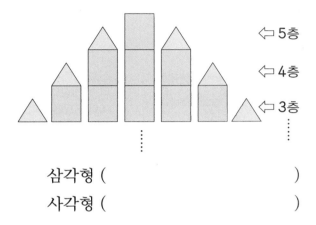

삼각형 (   )

사각형 (   )

2-1 규칙에 따라 왼쪽에서부터 도형을 이어 붙인 모양입니다. 규칙에 맞게 빈칸에 알맞은 색을 색칠하시오.

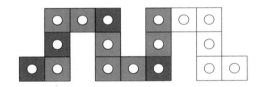

3-1 쌓기나무를 쌓은 규칙을 보고 11층의 쌓기나무 수를 구하시오.

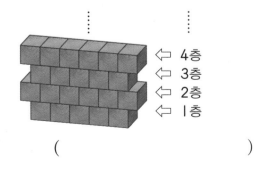

(   )

[한 번 더 확인]

1-2 규칙에 따라 빈칸에 도형 조각을 놓고 있습니다. 규칙에 맞게 빈칸을 모두 채우면 사각형과 원 도형 조각은 각각 몇 개인지 구하시오.

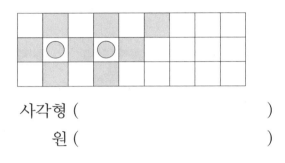

사각형 (   )

원 (   )

2-2 규칙에 따라 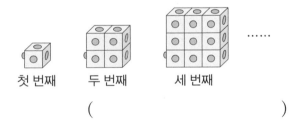 모형을 쌓고 있습니다. 네 번째 모양을 만들기 위해서 필요한 모형은 몇 개입니까?

첫 번째   두 번째   세 번째

(   )

3-2 규칙에 따라 쌓기나무를 쌓은 것입니다. 10층까지 쌓았다면 1층에 쌓은 쌓기나무는 몇 개입니까?

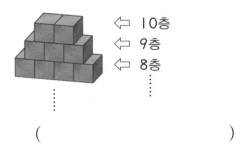

(   )

VI 규칙성 영역

[주제 학습 24] 생활 속에서 규칙 찾기

호철이는 학교 앞에 있는 신호등이 바뀌는 규칙을 관찰하고 있습니다. 신호등이 다음과 같은 규칙으로 바뀐다고 할 때 10번째 신호는 무슨 색입니까?

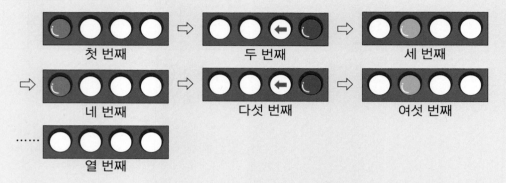

(   )

① 신호등의 색이 바뀌는 규칙 찾기

신호등의 색은 빨간색, 좌회전과 초록색, 노란색이 반복되는 규칙입니다.

② 10번째 신호의 색 구하기

10번째 신호의 색은 3가지 색이 3번 반복되고 첫 번째로 나오는 ○●○○ 이므로 빨간색입니다.

선생님, 질문 있어요!

Q. 생활 속에서 찾을 수 있는 규칙에는 어떤 것들이 있나요?

A. 신호등, 달력, 영화관이나 공연장의 좌석, 엘리베이터 등에서 다양한 규칙을 찾을 수 있습니다.

참고

신호등에서 ←은 왼쪽으로 회전해도 된다는 '좌회전' 신호입니다.

따라 풀기 ① 다음 신호등의 규칙을 보고 12번째 신호를 알맞게 색칠하시오.

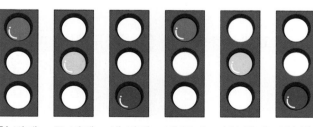

첫 번째   두 번째   세 번째   네 번째   다섯 번째   여섯 번째   12번째

[확인 문제]

1-1 지섭이네 반은 출석 번호와 같은 번호의 사물함을 사용하고 있습니다. 다음과 같은 규칙으로 사물함이 있을 때, 22번인 지섭이의 사물함에 색칠하시오.

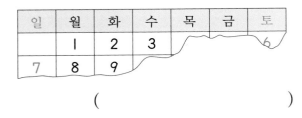

[한 번 더 확인]

1-2 시우는 영화관에서 '다15' 좌석표를 받았습니다. 시우가 앉을 자리에 색칠하시오.

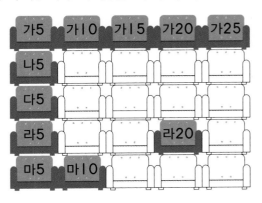

2-1 다음은 찢어진 달력의 일부분입니다. 이 달의 세 번째 금요일은 며칠입니까?

(   )

2-2 7월 달력의 빨간색 선 위에 있는 날짜들의 규칙을 찾아 ★에 알맞은 날짜는 며칠인지 구하시오.

일	월	화	수	목	금	토
				1	2	3
4	5	6	7	8	9	10
11	12	13	14	15	16	17
	★					

(   )

3-1 • 보기 •는 우리나라 건축물 등에서 볼 수 있는 전통 문양입니다. 전통 문양의 규칙을 찾아 규칙에 맞게 빨간색 선 오른쪽에 알맞은 모양을 그려 넣으시오.

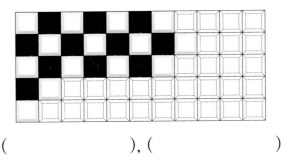

3-2 규칙에 따라 타일을 붙일 때, 검은색과 흰색 중 어느 색 타일이 몇 개 더 많습니까?

(   ), (   )

덧셈표에서 규칙 찾기

1

규칙을 찾아 ●와 ★에 알맞은 수의 합을 구하시오.

+	1	2			●
1	2	3	4	5	6
2		4	5		
3					
	5			★	
5		7			

(   )

전략 색칠된 가로에 있는 수와 세로에 있는 수를 더해서 덧셈표의 빈칸에 알맞은 수를 구할 수 있습니다.

2

덧셈표의 규칙을 찾아 노란색으로 색칠된 칸에 알맞은 수를 써넣으시오.

+	2		8	
	4		8	12
4	6	8	12	14
		10		
8				

전략 덧셈표의 더하는 수와 더해지는 수를 먼저 구한 후 노란색으로 색칠된 칸에 알맞은 수를 구합니다.

3

덧셈을 이용한 규칙을 찾아 빈 곳에 알맞은 수를 써넣으시오.

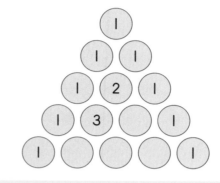

전략 바로 위에 있는 원 안의 수들과의 관계를 생각해 봅니다.

4

덧셈으로 만든 수 배열표의 규칙을 찾아 빈 칸에 알맞은 수를 써넣으시오.

1	2	4
46	56	7
37		11
	22	16

전략 작은 수부터 큰 수까지 차례로 선으로 이어 보고 수가 어떤 규칙으로 커지는지 알아봅니다.

곱셈표에서 규칙 찾기

5

곱셈을 이용하여 규칙에 따라 만든 표입니다. 규칙을 찾아 빈칸에 알맞은 수를 써넣으시오.

1			
2	2		
3	4	3	
4			4
5	8	9	8
6		12	

전략 세로줄에 있는 수들이 어떤 규칙에 따라 변하는지 알아봅니다.

6

다음 표는 곱셈을 활용한 규칙에 따라 수를 써넣은 것입니다. 빈칸에 알맞은 수의 합을 구하시오.

3	2	6
4	5	0
7	2	4
3	9	7
4	9	
2	8	
5	5	

(   )

전략 각 가로줄의 수를 보고 곱셈을 활용하여 수가 어떤 규칙으로 바뀌는지 알아봅니다.

7

표의 일부분이 지워졌습니다. 규칙을 찾아 ①과 ②에 알맞은 수의 합을 구하시오.

2	4	6	8
4	8	12	16
①		②	24	32

(   )

전략 표에서 오른쪽으로 한 칸씩 갈 때마다 수가 어떤 규칙으로 바뀌는지 알아봅니다.

8

오른쪽은 왼쪽 수 배열표의 일부분입니다. 수 배열표에서 규칙을 찾아 가, 나에 알맞은 수를 각각 구하시오.

1	3	5
7	9	11
13	15	17
19	21	23
25	27	29
⋮	⋮	⋮

⇒

가 …… 나 …… 79

가 (   )

나 (   )

전략 왼쪽 수 배열표는 오른쪽으로 한 칸씩 갈 때마다 2씩 커지는 규칙입니다.

VI 규칙성 영역

무늬에서 규칙 찾기

9

다음과 같은 규칙으로 바둑돌을 놓았을 때 빈칸에 알맞은 바둑돌은 무슨 색입니까?

( )

전략 바둑돌을 몇 개씩 묶어 반복되는 부분을 찾아봅니다.

10

| 창의 · 융합 |

우리가 알고 있는 많은 동요들은 같은 멜로디를 반복하여 쉽게 기억할 수 있도록 하는 규칙이 있습니다. 다음 악보를 두*마디씩 나누어 보면 A−B−C−C−A−B 의 형태로 반복됩니다. 악보의 빈 곳에 알맞게 음표를 그리시오.
*마디: 악보에서 세로줄과 세로줄로 구분된 부분.

전략 악보를 두 마디씩 나누어 A−B−C−C−A−B를 표시해 보고 마지막 마디를 완성합니다.

11

규칙에 따라 공 모양을 나열할 때 10번째 모양은 어느 것입니까?·················( )

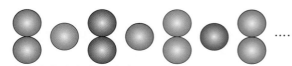

1번째 2번째 3번째 4번째 5번째 6번째 7번째

전략 공 모양의 개수와 색깔이 각각 어떤 규칙으로 바뀌는지 알아봅니다.

12

규칙을 찾아 빈칸에 알맞은 모양을 그리시오.

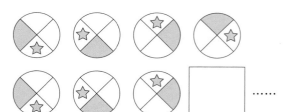

전략 별 모양과 원에서 색칠된 부분이 움직이는 규칙을 각각 알아봅니다.

규칙이 있는 무늬 만들기

13

다음은 포장지의 무늬입니다. 어떤 모양이 반복되는지 모두 고르시오.········(   )

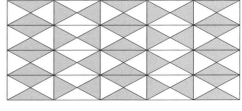

①   ②   ③

④   ⑤

전략 포장지의 무늬는 어떤 모양들이 반복되는지 규칙을 찾아봅니다.

14

민희의 방에 있는 벽지의 무늬입니다. 벽지의 무늬가 일정한 규칙으로 반복될 때, 빈칸에 알맞은 모양을 그려 벽지를 완성하시오.

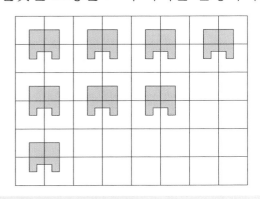

전략 세로줄과 가로줄에서 반복되는 부분을 살펴봅니다.

15

규칙을 찾아 빈칸에 알맞은 과일의 이름을 써넣으시오.

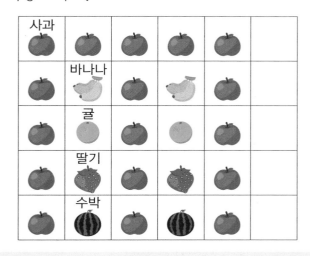

전략 위에서부터 각각의 가로줄마다 어떤 규칙이 있는지 찾아봅니다.

16

다음은 일정한 규칙에 따라 모양을 그린 것입니다. 규칙에 따라 빈칸에 모양을 모두 그렸을 때 원 모양은 모두 몇 개인지 구하시오.

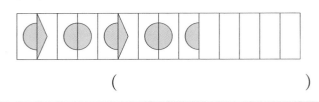

(   )

전략 먼저 어떤 모양이 반복되는지 알아봅니다.

VI 규칙성 영역

쌓은 모양에서 규칙 찾기

17

쌓기나무를 쌓은 규칙을 찾아 빈 쌓기나무에 알맞게 색칠하시오.

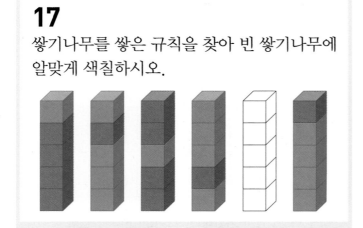

전략 쌓기나무의 색이 반복되는 규칙을 찾고 색이 다른 한 개의 위치가 어떻게 바뀌는지 알아봅니다.

18

쌓기나무를 쌓은 규칙을 찾아 6번째 모양을 쌓기 위해 필요한 쌓기나무의 수를 구하시오.

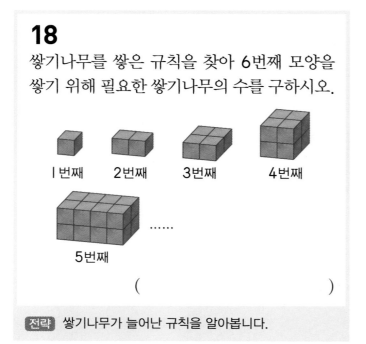

(   )

전략 쌓기나무가 늘어난 규칙을 알아봅니다.

19

규칙에 따라 쌓기나무를 6층까지 쌓았을 때 빨간색 쌓기나무와 파란색 쌓기나무는 각각 몇 개 필요합니까?

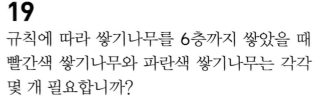

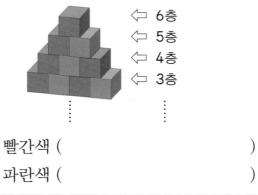

빨간색 (   )

파란색 (   )

전략 한 층씩 내려갈 때마다 쌓기나무의 수는 몇 개씩 늘어나는지, 색에는 어떤 규칙이 있는지 알아봅니다.

20

규칙에 따라 쌓기나무를 쌓은 것입니다. 쌓기나무를 4층으로 쌓으려면 쌓기나무는 몇 개 더 필요합니까?

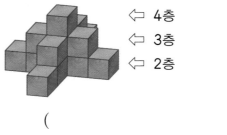

(   )

전략 한 층씩 내려갈 때마다 쌓기나무의 수가 몇 개씩 늘어나는지 알아봅니다.

생활 속에서 규칙 찾기

21

다음은 화빈이네 아파트의 엘리베이터 안에 있는 층수를 나타내는 버튼입니다. 층수를 나타내는 숫자가 일부 지워졌습니다. 화빈이는 14층에 살 때, 화빈이네 집 층수를 나타내는 버튼을 찾아 색칠하시오.

전략 엘리베이터 안에 있는 버튼의 수에서 나열된 규칙을 찾아봅니다.

22

다음은 어느 해 3월 달력의 일부분입니다. 세한이는 중요한 날에 ★표시를 하였는데 날짜가 지워졌습니다. 남은 달력을 보고 ★ 표시를 한 날은 며칠인지 구하시오.

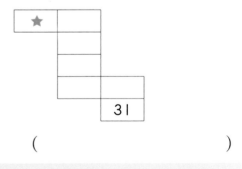

( )

전략 달력의 날짜는 위로 한 칸 올라갈수록 7씩 작아지고 왼쪽으로 한 칸 갈수록 1씩 작아지는 규칙이 있습니다.

23

현수네 아파트 엘리베이터 안에 있는 화면에서 광고가 다음과 같은 순서로 나오고 있습니다. 규칙을 찾아 11번째 광고판의 배경색과 광고 내용을 쓰시오.

배경색 ( )

광고 내용 ( )

전략 광고판의 배경색과 광고 내용에서 반복되는 규칙을 찾아 봅니다.

24

| 창의 · 융합 |

다음은 군대에 가 있는 준수의 삼촌의 식사 메뉴입니다. 다음 메뉴에서 규칙을 찾아 5일째 식사 메뉴를 쓰시오.

( )

전략 먼저 식판의 어떤 칸에 어떤 반찬이 놓여 있는지 알아봅니다.

* 규칙성 영역에서의 코딩
규칙성 영역에서의 코딩 문제는 주어진 규칙에 따라 변하는 숫자나 글자를 찾는 문제입니다. 규칙에 따라 출력되는 값과 규칙에 따라 변하는 값을 알아보면서 코딩 프로그램의 설계에 쉽게 다가갈 수 있습니다.

1 다음 •보기•는 1부터 6까지의 수를 한 번씩만 사용하여 어떤 규칙에 따라 배열한 것입니다. •보기•와 같은 규칙으로 빈 곳에 1부터 6까지의 수를 한 번씩만 사용하여 만들 수 있는 경우는 모두 몇 가지인지 빈 곳에 수를 써넣어 구하시오. (단, •보기•의 경우는 제외합니다.)

▶ 위 칸의 숫자들과 아래 칸의 숫자들 사이에 어떤 규칙이 있는지 알아봅니다.

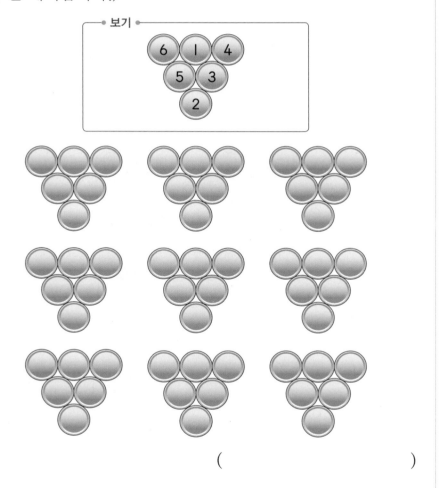

(   )

2 누르는 버튼에 따라 도형이 규칙적으로 변하고 있습니다. •보기•를 보고 규칙을 찾아 □ 안에 알맞은 도형을 그리시오.

▶ 누르는 버튼의 색에 따라 도형이 어떻게 변하는지 알아봅니다.

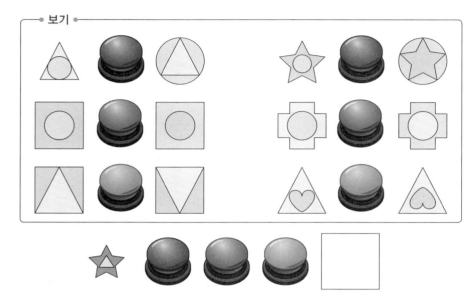

3 가를 입력하고 각 모양의 버튼을 누르면 •보기•와 같이 글자가 바뀌는 기계가 있습니다. 버튼의 규칙을 찾아 '라'를 입력한 후 다음과 같은 순서로 버튼을 눌렀을 때 마지막에 나오는 글자를 쓰시오.

▶ 각 버튼을 누를 때 글자 중 어느 부분이 변하는지 알아봅니다.

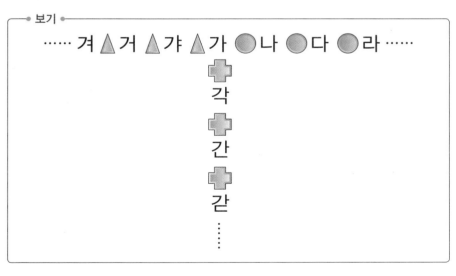

( )

Ⅵ 규칙성 영역

창의 · 사고

1 규칙을 찾아 빈 곳에 알맞은 수를 써넣으시오.

창의 · 융합

2 나영이는 도—레—미—파—솔—라—솔—파—미—레—
도—레—……의 순서로 피아노 건반을 치고 있습니다. 나
영이가 215번째에 쳐야 할 건반의 계이름은 무엇입니
까?

(   )

----

3 승민이는 집 앞 신호등의 색깔이 바뀌는 규칙을 관찰하고 있습니다. 신호등의 색깔이 다음과 같이 정해진 시간 동안 바뀐다고 합니다. 신호등을 관찰하기 시작했을 때 빨간불로 바뀌었다면 11분 후에 신호등은 무슨 색입니까?

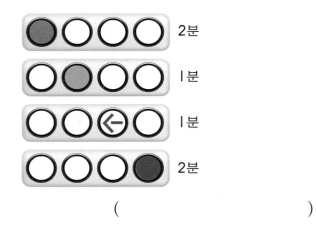

2분

1분

1분

2분

( )

4 수 배열표의 일부가 지워졌을 때, ㉠, ㉡, ㉢에 알맞은 수를 각각 구하시오.

5	㉠	15	20
			40

	㉡

65	㉢

㉠ ( )

㉡ ( )

㉢ ( )

5 다음 곱셈표에서 빨간색으로 칠해진 수는 가로와 세로의
세 수의 합이 각각 18로 같고 한가운데에 있는 수는 6입
니다. 같은 방법으로 색칠하여 가로와 세로의 세 수의 합
이 각각 30일 때 한가운데에 있는 수는 얼마입니까?

×	1	2	3	4	5	……
1	1	2	3	4	5	……
2	2	4	6	8	10	……
3	3	6	9	12	15	……
4	4	8	12	16	20	……
5	5	10	15	20	25	……
⋮	⋮	⋮	⋮	⋮	⋮	

(   )

6 어떤 규칙에 따라 쌓기나무를 쌓은 것입니다. 6번째 모양
을 쌓기 위해서 필요한 쌓기나무는 몇 개입니까?

첫 번째   두 번째   세 번째   네 번째

(   )

창의 · 사고

7 ●, ▲, ◎, ◆ 모양이 그려져 있는 각 상자에 일정한 규칙에 따라 숫자가 들어 있습니다. 35는 어떤 모양이 그려져 있는 상자에 들어 있는지 그리시오.

●	▲	◎	◆
1	2	3	4
5	6	7	8
9	10	11	12
⋮	⋮	⋮	⋮

( )

8 달력에서 • 보기 •와 같이 네 수를 고르면 빨간색 선에 놓인 두 수와 파란색 선에 놓인 두 수의 합이 같습니다.
㉠+㉣=12일 때 ㉠, ㉡, ㉢, ㉣ 중 가장 큰 수는 얼마입니까?

> ─• 보기 •─ 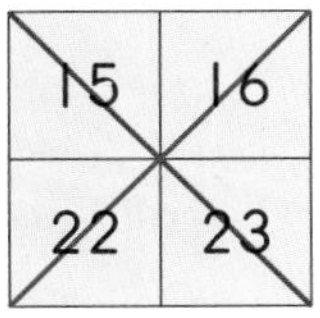
>
> | 15 | 16 |
> |----|----|
> | 22 | 23 |
>
> \\: 15+23=38
> /: 16+22=38

㉠	㉡
㉢	㉣

( )

특강 영재원 · **창의융합** 문제

┌→ 남자와 여자

❖ 암수 한 쌍의 아기 토끼는 한 달이 지나면 어른 토끼가 되고, 한 쌍의 어른 토끼
는 매달 암수 한 쌍의 아기 토끼를 낳는다고 합니다. 물음에 답하시오. (**9~10**)

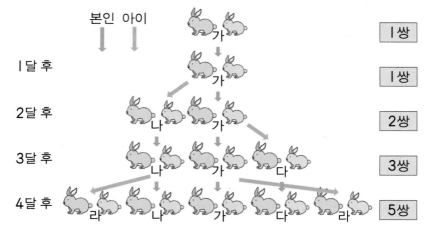

9 토끼는 다음과 같은 규칙으로 늘어납니다. 토끼의 수를 나타내는 규칙을
쓰고, 6달 후에는 모두 몇 쌍이 되는지 구하시오.

처음	1달 후	2달 후	3달 후	4달 후	5달 후	6달 후
1쌍	1쌍	2쌍	3쌍	5쌍	8쌍	

[규칙] _____

10 위의 규칙을 '피보나치 규칙'이라고 하는데, 이 규칙은 자연에서도 많이 찾
아볼 수 있습니다. 예를 들어 다음과 같이 나무의 가지치기에서 '피보나치
규칙'을 살펴볼 수 있습니다. 다음 나무의 빈칸에 규칙에 맞게 가지를 그리
시오.

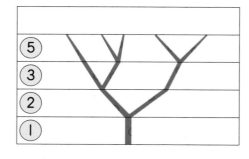

지식백과 처음에는 한 가지에서 **2**개의 가지가 나오고,
새 가지 중의 하나가 원래 가지에서 나가는 동안 다른 가
지는 그대로 있습니다. 한쪽에서 가지가 갈라지는 동안 다
른 쪽은 쉬게 되는데 이 과정이 되풀이 되면서 가지치기가
이루어집니다. 그 이유는 아래 가지에서 그늘을 지우는 것
을 최대한 피하기 위한 것이라고 합니다.

VII
논리추론 문제해결 영역

[주제 학습 25] 디피 게임

그림을 보고 규칙을 찾아 빈 곳에 알맞은 수를 써넣으시오.

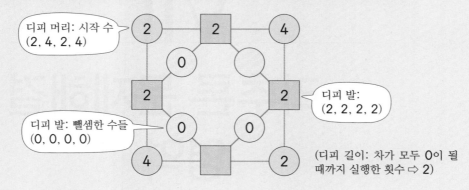

디피 머리: 시작 수
(2, 4, 2, 4)

디피 발:
(2, 2, 2, 2)

디피 발: 뺄셈한 수들
(0, 0, 0, 0)

(디피 길이: 차가 모두 0이 될 때까지 실행한 횟수 ⇨ 2)

선생님, 질문 있어요!

Q. 디피 게임이란 무엇인가요?

A. 디피 게임(diffy game)은 사각형 판 위에서 하는 뺄셈 게임입니다.
가장 큰 사각형의 꼭짓점에 4개의 수를 왼쪽 위에서부터 시계 반대 방향으로 쓰고 각 변의 한가운데에는 양 끝 꼭짓점 위의 수의 차를 씁니다. 차가 모두 0이 될 때까지 반복합니다.

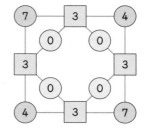

[문제 해결 전략]

① ☐ 안의 수의 규칙 알아보기
☐ 안의 수들은 4−2=2, 4−2=2, 4−2=2이므로 규칙은 ◯ 안의 수의 차입니다.

② ◯ 안의 수의 규칙 알아보기
◯ 안의 수들은 2−2=0, 2−2=0, 2−2=0이므로 규칙은 ☐ 안의 수의 차입니다.

③ 빈 곳에 알맞은 수 구하기
따라서 ☐=4−2=2, ◯=2−2=0입니다.

따라 풀기 1 그림을 보고 규칙을 찾아 빈 곳에 알맞은 수를 써넣으시오.

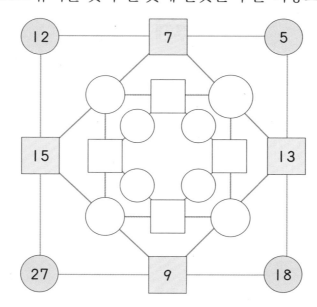

디피 길이는 4예요.

[확인 문제]

1-1 디피 판에서 디피 머리와 발을 찾아 각
　　　각 쓰시오.

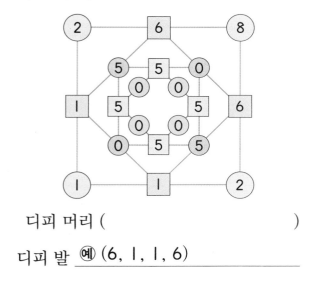

　　디피 머리 (　　　　　　　　　　　)

　　디피 발 　예 (6, 1, 1, 6)

　　_____

[한 번 더 확인]

1-2 디피 판을 완성하고 디피 머리와 발을
　　　각각 쓰시오.

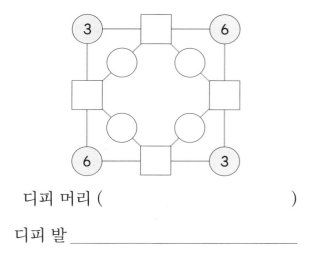

　　디피 머리 (　　　　　　　　　　　)

　　디피 발 _____

　　_____

2-1 디피 판의 디피 머리가 (2, 6, 4, 7)일
　　　때, 디피 판을 완성하시오.

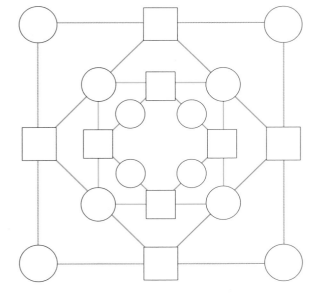

2-2 디피 판의 디피 머리가 (20, 8, 16, 3)
　　　일 때 디피판을 완성하고 디피의 마지막
　　　발은 항상 얼마인지 구하시오.

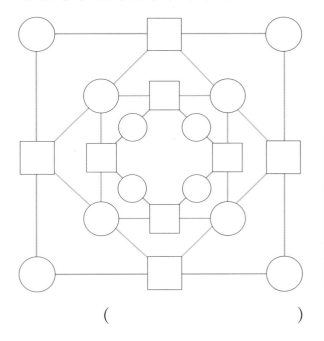

　　　　　　　(　　　　　　　　　)

[주제 학습 26] 디피의 동치

디피는 오른쪽과 같은 판에 옮겨도 결과가 같습니다. 오른쪽 판에서 빨간색 원 안에 알맞은 수를 써넣으시오.

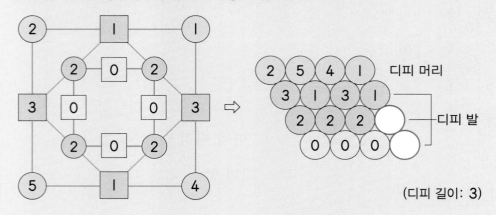

(디피 길이: 3)

문제 해결 전략

① 빨간색 원 안의 수 구하는 방법

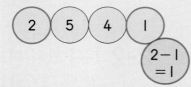

빨간색 원 안의 수는 윗줄의 맨 앞과 맨 끝 수의 차입니다.

② 빨간색 원 안의 수 구하기
따라서 빨간색 원 안의 수는 위에서부터 3-1=2, 2-2=0입니다.

참고

이동 동치: 디피 머리의 수에 같은 수를 더하거나 빼기
확대 동치: 디피 머리의 수에 같은 수를 곱하기
회전 동치: 디피 머리의 수를 왼쪽이나 오른쪽으로 밀기

따라 풀기 1 다음은 디피의 2가지 동치 관계를 나타낸 것입니다. 디피 판에 알맞은 수를 써넣으시오.

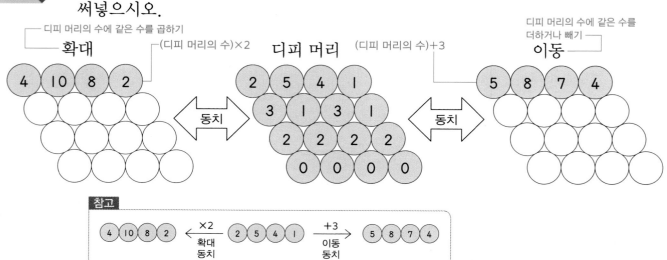

[확인 문제]

1-1 디피 머리의 수에 2씩 더하여 디피 판을 다시 만들었습니다. 디피를 완성하고 두 디피는 어떤 동치 관계인지 쓰시오.

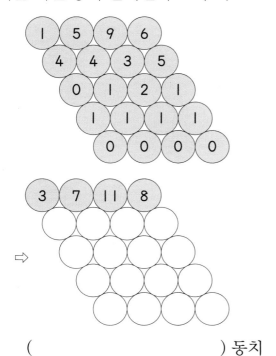

( ) 동치

[한 번 더 확인]

1-2 디피 머리의 수를 왼쪽으로 한 칸씩 밀어 디피 판을 다시 만들었습니다. 디피를 완성하고 두 디피는 어떤 동치 관계인지 쓰시오.

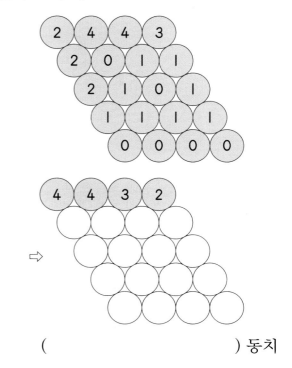

( ) 동치

2-1 디피를 완성하고 디피 길이를 구하시오.

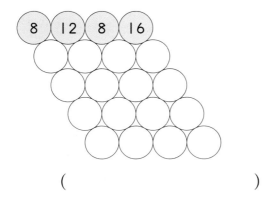

( )

2-2 디피를 완성하고 디피 길이를 구하시오.

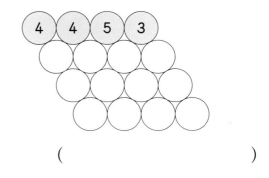

( )

[주제 학습 27] 수 저울

수 저울이 수평이 되도록 □ 안에 알맞은 수를 구하시오.

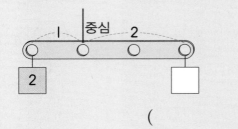

(   )

선생님, 질문 있어요!

Q. 수 저울이란 무엇인가요?

A. 시소를 생각해 보면 몸무게가 무거운 친구는 시소의 중심에 가까이, 가벼운 친구는 시소의 중심에서 멀리 떨어져 앉으면 수평을 이룰 수 있습니다.

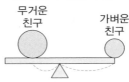

수 저울도 마찬가지로 수가 작은 쪽이 중심에서 더 멀리 떨어져 있어야 수평을 이룰 수 있습니다.

참고
수평: 기울지 않고 평평한 상태

문제 해결 전략

① **수 저울이 수평이 되는 조건**
   수 저울이 수평이 되는 조건은 양쪽의 (중심에서부터의 거리)×(수)의 값이 같아야 합니다.
② **중심에서부터 거리 알아보기**
   중심에서부터의 거리는 저울의 왼쪽은 1, 오른쪽은 2입니다.
③ **□ 안에 알맞은 수 구하기**
   따라서 수평을 이루려면 1×2=2×□이어야 하므로 2=2×□, □=1입니다.

따라 풀기 1 수 저울이 수평이 되도록 □ 안에 알맞은 수를 써넣으시오.

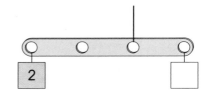

따라 풀기 2 수 저울이 수평이 되도록 □ 안에 알맞은 수를 써넣으시오.

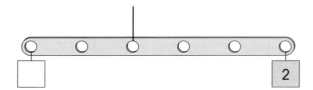

[확인 문제]

[한 번 더 확인]

1-1 수 저울이 수평이 되도록 □ 안에 알맞은 수를 써넣으시오.

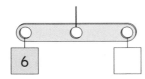

1-2 수 저울이 수평이 되도록 □ 안에 알맞은 수를 써넣으시오.

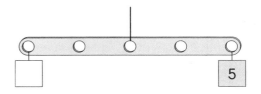

2-1 수 저울이 수평이 되도록 □ 안에 알맞은 수를 써넣으시오.

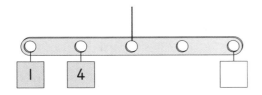

2-2 수 저울이 수평이 되도록 □ 안에 알맞은 자연수를 써넣으시오.

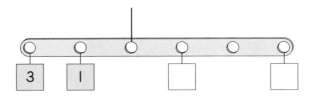

3-1 ㅣ, 2를 한 번씩 사용하여 수 저울이 수평이 되도록 하려고 합니다. ㉠, ㉡에 알맞은 수를 구하시오.

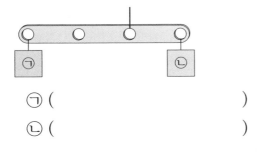

㉠ (   )

㉡ (   )

3-2 수 저울이 수평이 되도록 하려고 합니다. ㉠, ㉡에 알맞은 자연수를 구하시오.

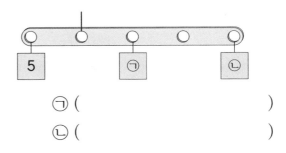

㉠ (   )

㉡ (   )

VII

논리추론 문제해결 영역

[주제 학습 28] 마방진

가로, 세로, 대각선의 수의 합이 모두 같도록 1부터 9까지의 수를 한 번씩 써넣으려고 합니다. ㉠, ㉡, ㉢에 알맞은 수를 구하시오.

4	9	2
3	㉠	㉡
㉢	1	6

㉠ (   ), ㉡ (   ), ㉢ (   )

선생님, 질문 있어요!

Q. 마방진이란 무엇인가요?

A. 그림과 같이 사각형의 가로, 세로, 대각선의 수의 합이 일정하도록 수를 써넣는 것을 마방진이라고 합니다.

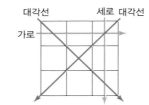

[문제 해결 전략]

① 가로의 합 알아보기
 첫째 줄의 가로의 합은 $4+9+2=15$입니다.
② ㉠, ㉡, ㉢에 알맞은 수 구하기
 ↘ 방향 대각선에서 $4+㉠+6=15$이므로 $㉠=15-10=5$입니다.
 세 번째 세로 줄에서 $2+㉡+6=15$이므로 $㉡=15-8=7$입니다.
 세 번째 가로 줄에서 $㉢+1+6=15$이므로 $㉢=15-7=8$입니다.
③ 답이 맞았는지 확인하기
 $㉠=5$, $㉡=7$, $㉢=8$을 넣고 1부터 9까지의 수가 한 번씩만 쓰였는지, 가로, 세로, 대각선의 수의 합이 모두 15인지 확인해 봅니다.

• 조건 •에 맞게 1부터 4까지의 수를 써넣으려고 합니다. 빈칸에 알맞은 수를 써넣으시오.

┌─ 조건 ─
① 가로, 세로, 대각선에는 같은 수를 쓸 수 없습니다.
② 굵은 선의 사각형 안에는 같은 수를 쓸 수 없습니다.
└─

2		1	3
	1	4	2
4	2	3	
1		2	4

1-1 수 카드를 한 번씩만 사용하여 가로와 세로의 합이 같아지도록 빈칸에 알맞은 수를 써넣으시오.

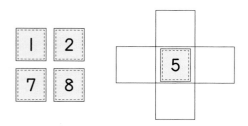

2-1 1부터 6까지의 수를 한 번씩만 써서 각 변의 수의 합이 10이 되도록 빈 곳에 알맞은 수를 써넣으시오.

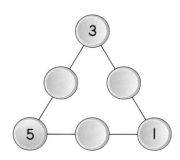

3-1 가로, 세로, 6칸짜리 사각형 안에 1부터 6까지의 수가 한 번씩 들어갑니다. 1을 ㉠, ㉡ 중 어느 곳에 넣어야 합니까?

4	1	2			6
3		㉠	6		
6		4	3	1	
	6		4		1
2	3	6			4
	4	㉡	2		

(   )

1-2 수 카드를 한 번씩만 사용하여 가로와 세로의 합이 같아지도록 빈칸에 알맞은 수를 써넣으시오.

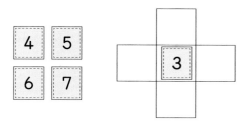

2-2 3부터 8까지의 수를 한 번씩만 써서 각 변의 수의 합이 모두 같아지도록 빈 곳에 알맞은 수를 써넣으시오.

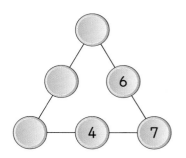

3-2 가로, 세로, 6칸짜리 사각형 안에는 1부터 6까지의 수가 한 번씩 들어갑니다. 2를 ㉠, ㉡ 중 어느 곳에 넣어야 합니까?

3			5		6
1	5	6	4		3
6	㉠	1	3	㉡	
	3	4		6	
4	6		1		2
2		5		3	4

(   )

STEP **2** | 도전! 경시 문제

| **디피 게임** |

1

디피 머리의 수가 (14, 11, 7, 18)일 때 디피 판을 완성하시오.

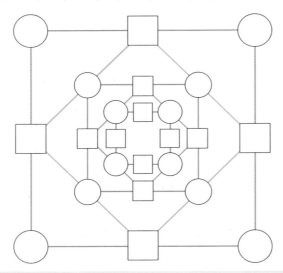

전략

디피 머리의 첫 번째 수를 가장 큰 사각형의 왼쪽 위에 쓰고 나머지 수들은 시계 반대 방향으로 씁니다.

2

디피 길이가 2인 디피 2개를 만들고 어떤 특징이 있는지 쓰시오.

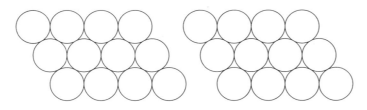

[특징] _____

_____

전략

디피의 마지막 발은 항상 (0, 0, 0, 0)입니다. 아래부터 시작해서 위로 올라가며 구해 봅니다.

디피의 동치

3

디피 머리의 수가 (11, 23, 7, 24)일 때 왼쪽 디피 판을 완성하고 이와 동치인 디피를 오른쪽 판에 만들고 동치의 종류를 쓰시오.

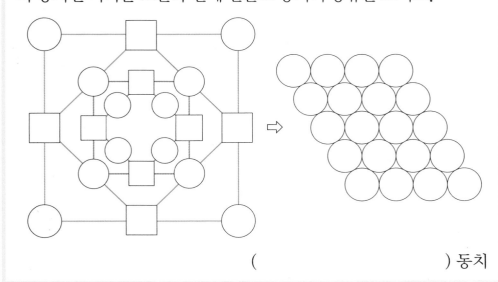

(   ) 동치

전략
동치 관계인 디피는 디피 머리를 바꾸어 만들 수 있습니다.

4

다음 2개의 디피를 완성하고 두 디피를 통해 디피 머리와 디피 길이 사이의 관계에 대해 알 수 있는 점을 한 가지 쓰시오.

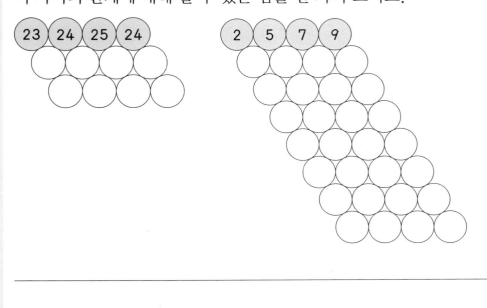

전략
디피 머리의 수의 크기와 디피 길이와의 관계를 알아봅니다.

_____

_____

VII
논리추론 문제해결 영역

| 수 저울 |

5

수 저울이 수평이 되도록 □ 안에 알맞은 자연수를 써넣으시오.

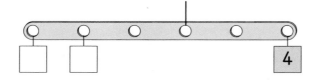

전략
수 저울이 수평이 되려면 저울 양쪽의 (중심에서부터의 거리)×(□ 안의 수)가 같아야 합니다.

6

수 카드 4장을 모두 사용하여 수 저울이 수평이 되도록 □ 안에 알맞은 수를 써넣으시오.

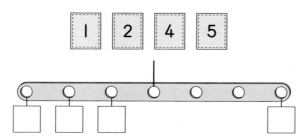

전략
저울의 왼쪽에 빈칸이 더 많으므로 중심에서 가장 멀리 떨어져 있는 맨 왼쪽 칸에는 작은 수부터 넣어 봅니다.

7

수 저울이 수평이 되도록 □ 안에 알맞은 수를 써넣으시오.

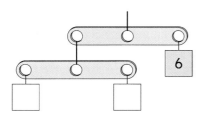

전략
아래층 저울의 빈칸은 저울의 중심에서 같은 거리만큼 떨어져 있으므로 같은 수가 들어갑니다.

8

다음과 같이 파란색 수의 수 저울에 빨간색 수를 써넣었습니다. 수 저울은 어느 쪽으로 기우는지 알맞은 말에 ○표 하고 이유를 쓰시오.

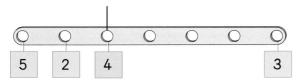

(왼쪽 , 오른쪽 , 수평)

[이유] _____

_____

_____

전략
빨간색 수는 저울의 중심에서 얼마나 떨어져 있는지 알아봅니다.

VII

논리추론 문제해결 영역

마방진

9

오른쪽 그림에서 ▨ 안의 수는 이웃한 ⬤ 안의 두 수를 곱한 값입니다. 빈 곳에 알맞은 수를 써넣으시오.

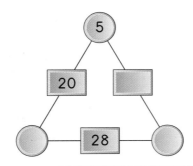

전략

5 × ◯ = 20이므로 왼쪽 아래 ◯ 안의 수를 먼저 구합니다.

10

오른쪽 그림에서 가로, 세로, 굵은 선으로 나눈 부분 안에는 1부터 4까지의 수가 한 번씩만 들어갑니다. 빈칸에 알맞은 수를 써넣으시오.

		4	2
2	4		
		2	3
3	2	1	

전략

1		4	2
2	4	㉡	
㉠		2	3
3	2	1	

⇨ 세로줄을 이용하여 ㉠, ㉡에 들어 갈 수를 먼저 알아봅니다.

11

1부터 5까지의 수를 한 번씩만 써서 한 줄에 있는 세 수의 합이 서로 같도록 하려고 합니다. 나올 수 있는 경우를 만들고 ( ) 안에 세 수의 합을 작은 수부터 쓰시오.

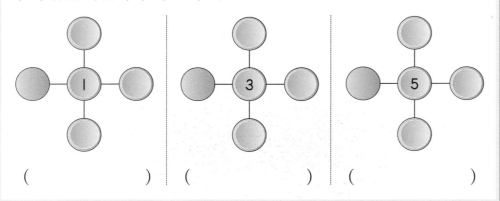

(   )   (   )   (   )

전략

가운데에 수를 놓고 남은 4개의 수로 합이 같은 쌍을 만들어 봅니다.

12

2, 2, 3, 3, 4, 4를 빈 곳에 한 번씩 써넣어 가로, 세로의 세 수의 합을 같게 하려고 합니다. 빈 곳에 알맞은 수를 써넣고 이때 세 수의 합은 얼마인지 구하시오.

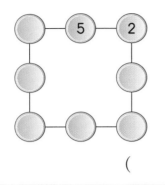

(   )

전략
2, 3, 4를 두 번씩 사용합니다.

13

1부터 7까지의 수를 한 번씩만 사용하여 가로, 세로의 세 수의 합이 12가 되도록 빈 곳에 알맞은 수를 써넣으시오.

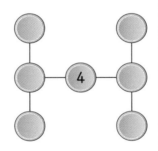

전략
세 수의 합이 12이므로 가장 큰 수인 6, 7은 같은 줄에 올 수 없습니다.

14

가로, 세로, 굵은 선으로 나눈 같은 색의 6칸에 1부터 6까지의 수가 한 번씩 들어갑니다. 빈칸에 알맞은 수를 써넣으시오.

4	3		1		5
		1	3		2
3	2		5	1	4
1	5			2	
2	1	5	4		6
6		3		5	1

전략
수가 많이 있는 가로줄이나 세로줄부터 차례로 구합니다.

VII

논리추론 문제해결 영역

1   다음 순서도에서 끝 수는 얼마인지 구하시오.

▶ □가 **20**보다 작으면 오른쪽을 한 칸 늘이고 끝에 숫자 l을 쓰는 과정을 반복합니다.

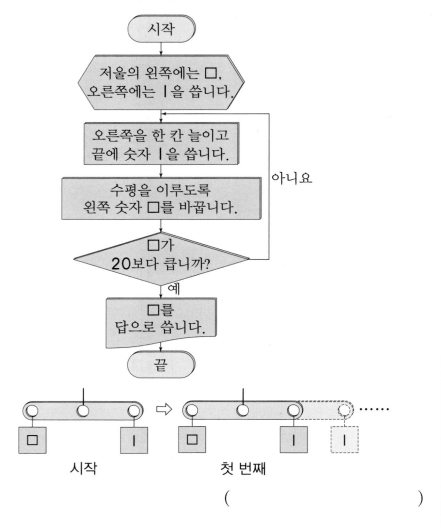

(   )

2 다음 명령어에 따라 디피 머리를 정하고 디피의 발을 끝까지 구하시오. (단, 디피 칸은 아래에 더 있을 수도 있습니다.)

┌─── • 조건 • ───┐
(2, 3, 5, 3)로 시작
♣▲★★♠♥♣▲
└──────────────┘

명령어 설명	
★	디피 머리 각각의 숫자에 **2**를 더한 이동 동치
♠	디피 머리 각각의 숫자에 **3**을 뺀 이동 동치
♣	디피 머리 각각의 숫자에 **2**를 곱한 확대 동치
♥	디피 머리 숫자를 왼쪽으로 **2**칸씩 밀어 회전 동치
▲	디피 머리 숫자를 오른쪽으로 **l**칸씩 밀어 회전 동치

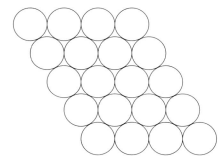

▶ 명령어에 나온 **8**개의 기호를 간단하게 만들어 봅니다.
예를 들어 ♥, ▲는 합하면 왼쪽으로 'l칸 이동'이 됩니다.

3 숫자가 쓰여 있는 버튼을 모두 한 번씩 눌러야 [열림] 버튼을 누를 수 있다고 합니다. 가장 먼저 눌러야 할 버튼을 찾아 ○표 하시오. (단, 화살표 방향으로 숫자가 쓰여 있는 만큼 움직입니다.)

▶ 열림 버튼을 기준으로 거꾸로 생각해 봅니다.

창의·사고

1 디피를 완성하고 디피 길이를 구하시오. (단, 디피 칸은
아래에 더 있을 수도 있습니다.)

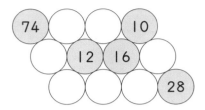

(   )

2 길이가 2인 디피를 길이가 4인 디피로 만들려고 합니다. 왼쪽의 디피 위로 디피 머리를 하나씩
더 늘려서 만들어 보시오.

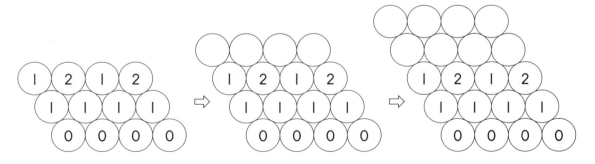

창의 • 사고

3 |부터 10까지의 수를 한 번씩 모두 사용하여 위의 두 수의 차가 아랫부분이 되도록 빈 곳에 알맞은 수를 써넣으시오.

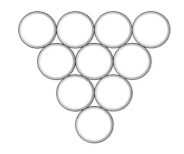

4 수 저울이 수평이 되도록 하려고 합니다. |, 2, 3을 한 번 씩 모두 사용하여 ☐ 안에 알맞은 수를 써넣으시오.

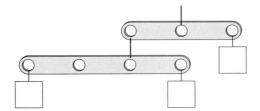

5 수 저울이 수평이 되도록 1, 2, 3, 4, 5를 □ 안에 알맞게 써넣으시오.

창의·사고

6 가로, 세로, 굵은 선으로 나눈 같은 색의 9칸에 1부터 9까지의 수가 한 번씩 들어갑니다. 빈칸에 알맞은 수를 써넣으시오.

3			1	9	6	2	7	4
4	9	2		6	7	1		8
6	1		9	7	8		2	5
1	7	5		4	2	6	9	3
8	2			5	3	7	1	9
2	4	9	7	3	1	8	5	6
9	8		3	2	4	5	6	1
7	3	4	6	1	5	9	8	2
5	6		2	8	9	3		7

7 ◯ 안에 연속된 홀수 7개를 써넣어 한 줄에 있는 세 수의 합이 서로 같게 빈 곳에 알맞은 수를 써넣으시오. (단, 연속된 홀수란 1, 3, 5, 7, 9……와 같은 수를 말합니다.)

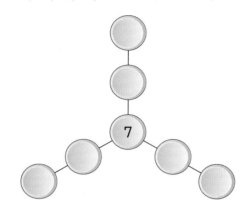

창의·사고

8 오른쪽과 같은 규칙에 따라 1부터 9까지의 수를 한 번씩 써넣으시오.

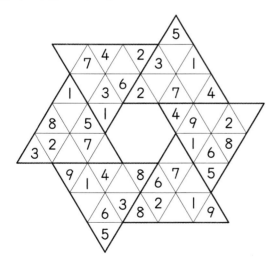

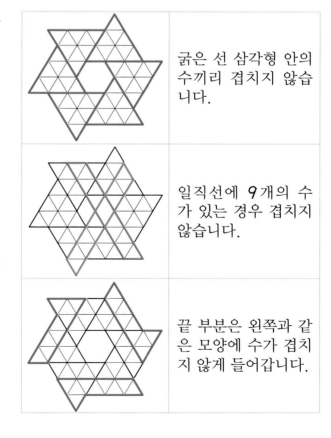

굵은 선 삼각형 안의 수끼리 겹치지 않습니다.

일직선에 9개의 수가 있는 경우 겹치지 않습니다.

끝 부분은 왼쪽과 같은 모양에 수가 겹치지 않게 들어갑니다.

VII
논리추론 문제해결 영역

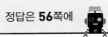

 영재원·**창의융합** 문제

'아니라면?' 전략을 활용하여 나만의 디피 게임을 만들어 봅시다. '아니라면?' 전략은 디피 게임의 모든 특징을 적어 보고 한 가지 특징을 바꾸는 것입니다.

- 디피 머리의 수:

- 디피 게임에 사용되는 연산:

- 디피 머리의 위치:

이 외에 내가 찾은 디피의 특징을 써 보시오.

_____

_____

_____

_____

9 위의 디피 게임 특징 중 한 가지 특징을 바꾸어 봅시다. 디피 머리의 수를 3개로 바꾸고 디피의 발을 10개까지 구해 보시오. 어떤 특징이 있습니까?

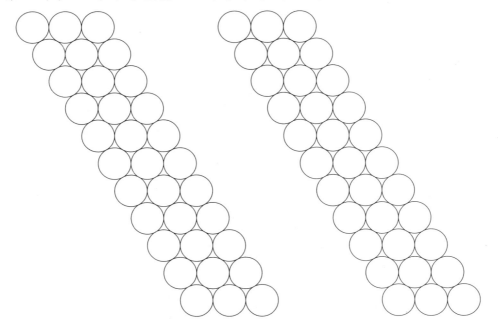

[특징] _____

_____

최고를 꿈꾸는 아이들의 수준 높은 상위권 문제집!

중상위
심화서

최상위
심화서

1등급 비밀!

최강 TOT

TOP OF THE TOP
초등 수학

정답과 풀이

2학년
2단계

정답과 풀이

정답과 풀이

I 수 영역

[주제 학습 1]

550	560	570	580
650	660	670	680
750	760	770	780
850	860	870	880

1

327	337		357
427	437	447	
		547	557	567

2 ㄹ

[확인 문제] [한 번 더 확인]

1-1 820에 ◯표, 391에 △표
1-2 817에 ◯표, 654에 △표
2-1 2, 3, 4, 5   **2-2** 17
3-1 895원   **3-2** 10가지

1 수 배열표의 규칙을 찾아보면 오른쪽으로 한 칸씩 갈수록 10씩 커지고, 아래쪽으로 한 칸씩 내려갈수록 100씩 커집니다.

2 백의 자리 숫자를 비교해 보면 ㉡의 백의 자리 숫자가 3이므로 ㉡이 가장 크고 ㉢의 백의 자리 숫자가 1이므로 ㉢이 가장 작습니다.
㉠과 ㉣의 백의 자리 숫자는 2로 같고 십의 자리 숫자가 3<5이므로 ㉣이 더 큽니다.
따라서 ㉡>㉣>㉠>㉢이므로 두 번째로 큰 수는 ㉣입니다.

[확인 문제] [한 번 더 확인]

1-1 세 자리 수의 크기를 비교할 때에는 백의 자리 숫자부터 차례대로 비교합니다. 백의 자리 숫자가 같으면 십의 자리 숫자끼리, 백의 자리와 십의 자리 숫자가 같으면 일의 자리 숫자끼리 비교합니다.
주어진 6개의 수를 비교하면
820>741>489>430>391>357이므로 가장 큰 수는 820, 두 번째로 작은 수는 391입니다.

1-2 세 자리 수의 크기를 비교할 때에는 백의 자리 숫자부터 차례대로 비교합니다. 백의 자리 숫자가 같으면 십의 자리 숫자끼리, 백의 자리와 십의 자리 숫자가 같으면 일의 자리 숫자끼리 비교합니다.
주어진 6개의 수를 비교하면
817>654>575>519>489>235이므로 가장 큰 수는 817, 두 번째로 큰 수는 654입니다.

2-1 230<□59<571에서
□=2일 때 230<259<571 (◯)
□=3일 때 230<359<571 (◯)
□=4일 때 230<459<571 (◯)
□=5일 때 230<559<571 (◯)
□=6일 때 230<659<571 (×)
이므로 □ 안에 들어갈 수 있는 수는 2, 3, 4, 5입니다.

2-2 83+4□>130에서 130−83=47이므로 4□>47이 되어야 합니다.
따라서 □ 안에 들어갈 수 있는 수는 8, 9이므로 □ 안에 들어갈 수 있는 수의 합은 8+9=17입니다.

3-1 가장 비싼 과일은 백의 자리 숫자가 가장 큰 배입니다. 자두의 가격이 889원이고 십의 자리 숫자가 8인데 사과의 가격이 두 번째로 비싸다고 하였으므로 사과 가격의 십의 자리 숫자는 9가 됩니다. 따라서 사과 한 개의 가격은 895원입니다.

> **주의**
> 사과 가격의 십의 자리 숫자가 8이 되면 885<889가 되어 자두가 두 번째로 비싸게 되므로 조건에 맞지 않습니다.

3-2 만들 수 있는 가장 큰 세 자리 수는 666이고 이때 각 자리 숫자의 합은 18입니다.
각 자리 숫자의 합이 15보다 크려면 각 자리 숫자의 합이 16, 17, 18인 경우를 찾아야 합니다.
• 각 자리 숫자의 합이 18인 경우:
666 ⇨ 1가지

• 각 자리 숫자의 합이 17인 경우:
665, 656, 566 ⇨ 3가지
• 각 자리 숫자의 합이 16인 경우: 664, 646,
466, 655, 565, 556 ⇨ 6가지
따라서 모두 1+3+6=10(가지)입니다.

STEP 1 경시 대비 문제 10~11쪽

[주제 학습 2] (1) 8924=8000+900+20+4
(2) 6905=6000+900+5
1 1000, 10, 5
2 7295에 ○표

[확인 문제] [한 번 더 확인]

1-1

3412	9153	3948	9031
5963	6830	4359	7347
7312	6308	2153	5378
2038	4139	1234	6342

1-2 3개
2-1 1992, 2539, 2580
2-2 ㉠, ㉢, ㉡
3-1 5, 6, 7, 8, 9   **3-2** 24

1 1215는 1000이 1, 100이 2, 10이 1, 1이
5인 수이므로 1215=1000+200+10+5
입니다.

2 숫자 7이 나타내는 값을 각각 알아봅니다.
726 ⇨ 700, 6739 ⇨ 700,
4271 ⇨ 70, 7295 ⇨ 7000, 4897 ⇨ 7
따라서 숫자 7이 나타내는 값이 가장 큰 수는
7295입니다.

[확인 문제] [한 번 더 확인]

1-1 숫자 3이 300을 나타내려면 백의 자리 숫자가
3이어야 합니다.

1-2

3200	3300			3500	
4200	4300			4500	
			5400	5500	
6200	6300	6400	6500	6600	

수 배열표의 규칙을 찾아보면 → 방향으로 수가
100씩 커지고, ↓ 방향으로 수가 1000씩 커
집니다.
숫자 4가 4000을 나타내려면 천의 자리 숫자
가 4이어야 하므로 4200, 4300, 4500으로
모두 3개입니다.

2-1 네 자리 수의 크기를 비교하는 방법은 천의 자리
숫자부터 비교하고 천의 자리 숫자가 같으면 백의
자리, 십의 자리, 일의 자리 순서로 비교합니다.
천의 자리 숫자를 비교하면 1992가 가장 작습
니다.
2539와 2580의 천의 자리, 백의 자리 숫자가
같고, 십의 자리 숫자가 3<8이므로
2539<2580입니다.
⇨ 1992<2539<2580

2-2 각각을 수로 나타내면 ㉠ 6999, ㉡ 6709,
㉢ 6782입니다.
⇨ 6999>6782>6709
　　㉠　　　㉢　　　㉡

3-1 천의 자리, 백의 자리 숫자는 같고 일의 자리 숫
자가 9>1이므로 □는 5와 같거나 5보다 커야
합니다. 따라서 □ 안에 들어갈 수 있는 수는 5,
6, 7, 8, 9입니다.

3-2 천의 자리 숫자는 같고 십의 자리 숫자가 1>0
이므로 □는 6보다 커야 합니다. 따라서 □ 안
에 들어갈 수 있는 수는 7, 8, 9이므로 합은
7+8+9=24입니다.

STEP 1 경시 대비 문제 12~13쪽

[주제 학습 3] 9개
1 7개

[확인 문제] [한 번 더 확인]

1-1 742   **1-2** 6031
2-1 12개   **2-2** 6개
3-1 18개   **3-2** 17개

1
- 십의 자리 숫자가 5일 때: 59
- 십의 자리 숫자가 8일 때: 82, 85, 89
- 십의 자리 숫자가 9일 때: 92, 95, 98
⇨ 1+3+3=7(개)

[확인 문제] [한 번 더 확인] ....

1-1 7>4>2이므로 만들 수 있는 가장 큰 세 자리 수는 742입니다.

1-2 큰 수부터 차례대로 만들어 봅니다.

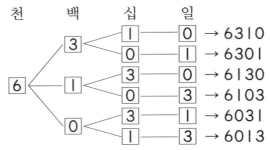

따라서 만들 수 있는 수 중 다섯 번째로 큰 수는 6031입니다.

2-1 385보다 작아야 하므로 백의 자리에 올 수 있는 숫자는 2와 3입니다.
- 백의 자리 숫자가 2인 경우: 203, 204, 230, 234, 240, 243 ⇨ 6개
- 백의 자리 숫자가 3인 경우: 302, 304, 320, 324, 340, 342 ⇨ 6개

따라서 모두 6+6=12(개)입니다.

2-2 2000보다 작아야 하므로 천의 자리에 올 수 있는 숫자는 1뿐입니다.

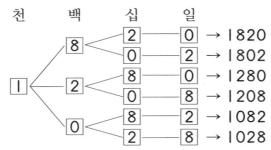

따라서 만들 수 있는 네 자리 수 중 2000보다 작은 수는 모두 6개입니다.

3-1 천의 자리에 0이 올 수 없으므로 천의 자리에 올 수 있는 숫자는 1, 2, 4입니다.

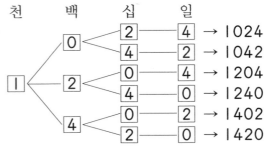

천의 자리에 2, 4가 오는 경우도 같은 방법으로 구하면 만들 수 있는 네 자리 수는 모두 6+6+6=18(개)입니다.

3-2 6>5>4>2이므로 만들 수 있는 가장 큰 네 자리 수는 6542이고 두 번째로 큰 수는 6524입니다.
따라서 6525부터 6541까지의 수는 모두 17개입니다.

STEP 1 경시 **대비** 문제   14~15쪽

[주제 학습 4] 692, 791

1 1308, 3108

[확인 문제] [한 번 더 확인]

1-1 740, 851, 962   **1-2** 609, 708
2-1 4개   **2-2** 549, 905
3-1 2963, 3962   **3-2** 2426

1 일의 자리 숫자는 8이고 십의 자리와 일의 자리 숫자의 합이 8이라고 하였으므로 십의 자리 숫자는 0입니다. ⇨ ☐☐08
천의 자리 숫자는 홀수이므로 1, 3, 5, 7, 9가 올 수 있고 각 자리 숫자의 합이 12라고 하였으므로 각 경우의 네 자리 수를 구해 보면 1308, 3108입니다.
천의 자리 숫자가 5, 7, 9이면 각 자리 숫자의 합이 12보다 커지므로 •조건•에 맞지 않습니다.

[확인 문제] [한 번 더 확인]

1-1 · 백의 자리 숫자는 일의 자리 숫자보다 7 크므로 $\boxed{7}\;\boxed{0}$, $\boxed{8}\;\boxed{1}$, $\boxed{9}\;\boxed{2}$입니다.
· 일의 자리 숫자가 십의 자리 숫자보다 4 작으므로 $\boxed{740}$, $\boxed{851}$, $\boxed{962}$입니다.
따라서 조건을 만족하는 수는 740, 851, 962입니다.

1-2 · 십의 자리 숫자는 0 ⇨ $\boxed{\;\;0\;\;}$
· 각 자리 숫자의 합이 15 ⇨ $\boxed{609}$, $\boxed{708}$, $\boxed{807}$, $\boxed{906}$
· 백의 자리 숫자가 일의 자리 숫자보다 작음 ⇨ $\boxed{609}$, $\boxed{708}$

2-1 두 수의 곱이 24가 되는 경우는 (3, 8) (8, 3) (4, 6) (6, 4)입니다. 이 조건을 만족하면서 각 자리 숫자의 합이 16이 되는 경우는 $\boxed{538}$, $\boxed{583}$, $\boxed{646}$, $\boxed{664}$이므로 모두 4개입니다.

2-2 백의 자리 숫자와 일의 자리 숫자의 곱이 45이므로 $\boxed{5}\;\boxed{\;}\;\boxed{9}$, $\boxed{9}\;\boxed{\;}\;\boxed{5}$입니다.
백의 자리 숫자와 십의 자리 숫자의 합이 9가 되는 세 자리 수를 찾으면 $\boxed{549}$, $\boxed{905}$입니다.

3-1 2000보다 크고 4000보다 작으므로 $\boxed{2\;\;\;\;\;}$, $\boxed{3\;\;\;\;\;}$입니다.
백의 자리 숫자는 한 자리 수 중 가장 크므로 $\boxed{29\;\;\;}$, $\boxed{39\;\;\;}$입니다.
십의 자리 숫자는 백의 자리 숫자보다 3 작으므로 $\boxed{296\;}$, $\boxed{396\;}$입니다.
각 자리의 숫자의 합이 20인 경우는 $\boxed{2963}$, $\boxed{3962}$입니다.

3-2 십의 자리 숫자와 일의 자리 숫자의 곱이 12이므로 십의 자리와 일의 자리에 올 수 있는 숫자는 (3, 4), (4, 3), (2, 6), (6, 2)입니다.
천의 자리 숫자와 십의 자리 숫자가 같고 각 자리 숫자의 합이 14가 되는 경우를 찾으면 $\boxed{3434}$, $\boxed{4343}$, $\boxed{2426}$, $\boxed{6062}$이고 이 중 3000보다 작은 수는 2426입니다.

다른 풀이

· 3000보다 작습니다.
⇨ $\boxed{1\;\;\;\;\;\;}$, $\boxed{2\;\;\;\;\;\;}$
· 천의 자리 숫자와 십의 자리 숫자가 같습니다.
⇨ $\boxed{1\;\;1\;\;}$, $\boxed{2\;\;2\;\;}$
· 십의 자리 숫자와 일의 자리 숫자의 곱은 12입니다. ⇨ $\boxed{2\;\;26}$
· 각 자리 숫자의 합은 14입니다. ⇨ $\boxed{2426}$

STEP 2 도전! 경시 문제   16~21쪽

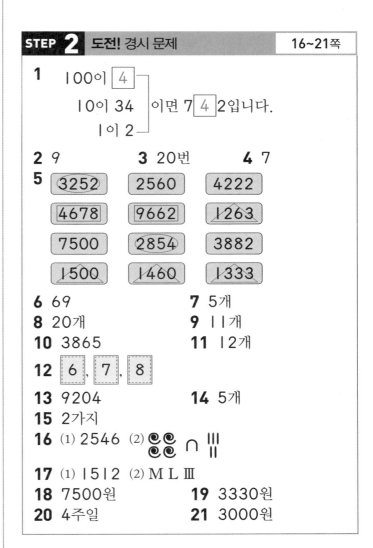

1 100이 $\boxed{4}$, 10이 34, 1이 2이면 7$\boxed{4}$2입니다.

2 9   **3** 20번   **4** 7
5 3252   2560   4222
    4678   9662   1263
    7500   2854   3882
    1500   1460   1333
6 69   **7** 5개
8 20개   **9** 11개
10 3865   **11** 12개
12 $\boxed{6}$, $\boxed{7}$, $\boxed{8}$
13 9204   **14** 5개
15 2가지
16 (1) 2546 (2) 〰〰 ∩ Ⅲ
17 (1) 1512 (2) M L Ⅲ
18 7500원   **19** 3330원
20 4주일   **21** 3000원

1 100이 ㉠, 10이 34, 1이 2이면 7㉡2입니다.
10이 34이면 100이 3, 10이 4인 것과 같으므로 100이 ㉠, 10이 34, 1이 2인 수는 100이

(㉠+3), 10이 4, 1이 2이라고 할 수 있습니다.
이 수가 7㉡2이므로 ㉠+3=7에서 ㉠=4,
㉡=4입니다.

2 ㉠76<208에서 십의 자리 숫자가 7>0이므로
백의 자리 숫자는 2보다 작아야 합니다.
⇨ ㉠=1
208<20㉡에서 백의 자리, 십의 자리 숫자가 같
으므로 일의 자리 숫자가 8<㉡이어야 하므로
㉡=9입니다.
⇨ ㉠×㉡=1×9=9

3 3이 십의 자리 숫자일 때 30을 나타내므로 100
부터 300까지의 수 중에서 십의 자리 숫자가 3
인 수를 찾아봅니다.
100부터 200까지의 수: 130, 131, 132,
133, 134, 135,
136, 137, 138,
139 ⇨ 10개
201부터 300까지의 수: 230, 231, 232,
233, 234, 235,
236, 237, 238,
239 ⇨ 10개
따라서 손뼉은 모두 10+10=20(번) 치게 됩니다.

4 • 5□2<551에서 일의 자리 숫자가 2>1이므
로 □ 안에 알맞은 수는 5보다 작은 수인 1, 2,
3, 4입니다.
• 280<□69<482에서 □ 안에 알맞은 수는
3, 4입니다.
따라서 □ 안에 공통으로 들어갈 수 있는 수는 3,
4이므로 합은 3+4=7입니다.

5 • 숫자 5가 50을 나타내는 경우는 숫자 5가 십
의 자리 숫자일 때입니다.
⇨ 3252, 2854
• 숫자 1이 1000을 나타내는 경우는 숫자 1이
천의 자리 숫자일 때입니다.
⇨ 1263, 1500, 1460, 1333
• 숫자 6이 600을 나타내는 경우는 숫자 6이 백
의 자리 숫자일 때입니다.
⇨ 4678, 9662

6 천의 자리 숫자가 같으므로 백의 자리 숫자를 비교
하면 ㉠에 들어갈 수 있는 가장 큰 수는 6입니다.
㉠=6일 때 7658<76㉡2이므로 ㉡이 될 수 있
는 가장 큰 수는 9입니다.
따라서 만들 수 있는 가장 큰 두 자리 수 ㉠㉡은
69입니다.

7 서로 다른 주사위 4개를 던졌을 때 만들 수 있는
가장 큰 수는 6666이고 이때 각 자리 숫자의 합
은 24입니다.
네 자리 수의 각 자리 숫자의 합이 22보다 큰 경
우를 찾아보면 다음과 같습니다.
• 각 자리 숫자의 합이 24인 경우: 6666
• 각 자리 숫자의 합이 23인 경우: 6665, 6656,
6566, 5666
⇨ 1+4=5(개)

8 7000보다 크고 8000보다 작은 네 자리 수이므
로 천의 자리 숫자는 7입니다.
이 중에서 백의 자리 숫자가 십의 자리 숫자의 2
배인 경우는 [7][2][1][ ], [7][4][2][ ],
[7][6][3][ ], [7][8][4][ ]입니다.
일의 자리 숫자는 각각 1, 3, 5, 7, 9이므로 구하
는 네 자리 수는 다음과 같습니다.
(7211, 7213, 7215, 7217, 7219) ⇨ 5개
(7421, 7423, 7425, 7427, 7429) ⇨ 5개
(7631, 7633, 7635, 7637, 7639) ⇨ 5개
(7841, 7843, 7845, 7847, 7849) ⇨ 5개
따라서 구하는 네 자리 수는 모두
5+5+5+5=20(개)입니다.

9 35보다 크고 85보다 작으려면 십의 자리에 4,
7, 8이 올 수 있습니다.
• 십의 자리 숫자가 4인 경우:
40, 42, 47, 48 ⇨ 4개
• 십의 자리 숫자가 7인 경우:
70, 72, 74, 78 ⇨ 4개
• 십의 자리 숫자가 8인 경우:
80, 82, 84 ⇨ 3개
따라서 만들 수 있는 수는 모두
4+4+3=11(개)입니다.

10 가장 작은 네 자리 수를 만들려면 천의 자리부터
작은 숫자를 차례대로 놓아야 합니다. 십의 자리

숫자가 6인 경우 만들 수 있는 가장 작은 네 자리 수는 3568입니다. 따라서 십의 자리 숫자가 6이고 만들 수 있는 두 번째로 작은 네 자리 수는 백의 자리 숫자와 일의 자리 숫자를 바꾼 3865입니다.

11 300보다 크고 500보다 작으려면 백의 자리에 3, 4가 올 수 있습니다.
· 백의 자리 숫자가 3인 경우

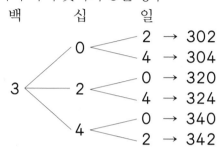

· 백의 자리 숫자가 4인 경우

백　　　　십　　　　일

4 ⟨ 0 ⟨ 2 → 402
　　　　　3 → 403
　 2 ⟨ 0 → 420
　　　　　3 → 423
　 3 ⟨ 0 → 430
　　　　　2 → 432

따라서 만들 수 있는 세 자리 수는 모두 6+6=12(개)입니다.

12

수 카드	가장 작은 수	두 번째로 작은 수
6, 8, 9	68	69
6, 8, 7	67	68
6, 8, 5	56	58
6, 8, 4	46	48
6, 8, 3	36	38
6, 8, 2	26	28
6, 8, 1	16	18

따라서 3장의 수 카드는 6 , 7 , 8 입니다.

13 (천의 자리 숫자)×(일의 자리 숫자)=36이므로 (4, 9), (9, 4), (6, 6)입니다.
천의 자리 숫자와 일의 자리 숫자의 차가 5이므로 (4, 9), (9, 4)입니다.
십의 자리 숫자에 어떤 수를 곱해도 0이므로 십의 자리 숫자는 0입니다.

위의 조건들을 만족하고 각 자리 숫자의 합이 15인 네 자리 수는 4209, 9204이므로 이 중 가장 큰 수는 9204입니다.

14 · 천의 자리 숫자 5 ⇨ 5 ☐ ☐ ☐
· 십의 자리 숫자 9 ⇨ 5 ☐ 9 ☐
· 5+(백의 자리 숫자)=(십의 자리 숫자)이므로 백의 자리 숫자는 4입니다. ⇨ 5 4 9 ☐
· 짝수이어야 하므로 일의 자리 숫자는 0, 2, 4, 6, 8이 될 수 있습니다.
따라서 조건을 만족하는 네 자리 수는 5490, 5492, 5494, 5496, 5498이므로 모두 5개입니다.

15 ▲×■=6을 만족하는 (▲, ■)는 (1, 6), (6, 1), (2, 3), (3, 2)입니다.
●+■=7이므로 위에서 구한 ■를 이용해 ●를 구해 보면 (●, ■)=(1, 6), (6, 1), (4, 3), (5, 2)입니다.
두 식을 동시에 만족하는 (●, ▲, ■)는
(1, 1, 6), (6, 6, 1), (4, 2, 3), (5, 3, 2)이고, 이 중 서로 다른 숫자는 (4, 2, 3), (5, 3, 2)입니다.
따라서 만들 수 있는 세 자리 수 ●▲■는 423, 532로 모두 2가지입니다.

16 (1) 주어진 고대 이집트 숫자는 1000이 2, 100이 5, 10이 4, 1이 6인 수입니다.
⇨ 2000+500+40+6=2546
(2) 415는 100이 4, 10이 1, 1이 5인 수이므로 고대 이집트 숫자로 나타내면 ⟋⟋ ∩ ⦀입니다.

17 (1) M D X Ⅱ ⇨ 1000+500+10+2=1512
(2) 1053=1000+50+3을 고대 로마 숫자로 나타내면 1000은 M, 50은 L, 3은 Ⅲ M L Ⅲ입니다.

18 1000이　2 → 2000
　100이 53 → 5300
　50이　4 → 　200
⇨ 1000이 7, 100이 5이므로 7500입니다.
따라서 민영이가 모은 돈은 모두 7500원입니다.

19 처음에 가지고 있던 지폐와 동전의 수에서 남은 지폐와 동전의 수를 **빼면** 학용품값이 됩니다.

　 1000원짜리 4장＋100원짜리 8개＋10원짜리 3개
　 － 1000원짜리 1장＋100원짜리 5개
　──────────────────────────────
　 1000원짜리 3장＋100원짜리 3개＋10원짜리 3개
　 ⇨ 1000이 3, 100이 3, 10이 3이므로 3330
　 따라서 윤지가 산 학용품값은 3330원입니다.

20 고은이는 1주일에 1000원씩 모으므로 5800원 짜리 책을 사기 위해서는 6000원을 모아야 합니다. 현재 2000원을 모았고 앞으로 모아야 할 돈을 표로 나타내어 보면 다음과 같습니다.

모은 돈	1주일 후	2주일 후	3주일 후	4주일 후
2000원	3000원	4000원	5000원	6000원

따라서 고은이는 용돈을 4주일 더 모아야 책을 살 수 있습니다.

21 0에서 500씩 12번 뛰어 세는 것과 같습니다.
0－500－1000과 같이 2번 뛰어 세면 1000 입니다.
0－1000－2000－3000－4000－5000－6000
　(2번)　(4번)　(6번)　(8번)　(10번)　(12번)
0에서 500씩 12번 뛰어 세면 6000이므로 모자라는 돈은 6000－7000－8000－9000에서 3000원입니다.

---

1 6483　　　**2** 2385
3 ④, 950

---

1 3587을 넣으면 오른쪽과 같이 변하게 됩니다.

[단계 1]: 3587의 백의 자리 숫자가 홀수이므로 3587보다 100 작은 수인 3487을 보냅니다.

[단계 2]: 3487의 천의 자리 숫자가 일의 자리 숫자보다 작으므로 천의 자리 숫자와 일의 자리 숫자를 바꾼 7483을 보냅니다.

[단계 3]: [단계 2]에서 온 수는 7483이므로 7483 보다 1000 작은 수인 6483을 내보냅니다.

2 출발점에서 시작하여 화살표 방향으로 규칙에 따라 각 위치의 수를 알아봅니다.

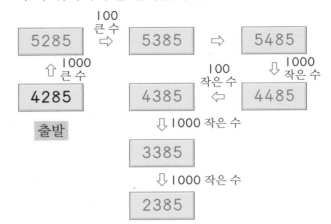

3

150 ⇨ | 250 ⇨ | 350 ⇨ | 450 | ↰
| ⇨ | ⇨ | 550 ⇨ | ⇨
| ↰ | ↰ | 650 ⇨ | ↰
| ⇨ | ⇨ | 750 ↰ | 850 ↓
| ① | ② | ③ | ④ 950

---

1 준형, 준수, 지욱　　**2** 15번
3 270, 702, 720
4 10개　　　　　　　**5** 955
6 95　　　　　　　　**7** 562

1 1부터 9까지의 숫자를 한 번씩만 사용했기 때문에 가려진 숫자는 3, 5, 6입니다.
백의 자리 숫자가 가장 큰 수는 8♥2이므로 준형이가 가장 큰 수를 만들었습니다. 가려진 숫자 3, 5, 6 중 가장 큰 숫자 6이 ♥49의 백의 자리에 들어가도 71♥가 더 크므로 지욱이가 가장 작은 수를 만들었습니다.

2 250부터 300까지의 수 중에서 숫자 9가 들어가는 수를 모두 구하면 다음과 같습니다.
일의 자리 숫자가 9일 때: 259, 269, 279, 289, 299 → 5번

십의 자리 숫자가 9일 때: 290, 291, 292, 293, 294, 295, 296, 297, 298, 299 ⇨ 10번

따라서 모두 5+10=15(번) 누르게 됩니다.

3 만든 세 자리 수가 짝수가 되어야 하므로 주어진 수 카드 중 일의 자리에 올 수 있는 수는 0, 2, 4 입니다. 각각의 경우에 대해 각 자리 숫자의 합이 9가 되는 경우를 살펴 보면

일의 자리 숫자가 0일 때: 2 7 0 , 7 2 0

일의 자리 숫자가 2일 때: 7 0 2

일의 자리 숫자가 4일 때는 만들 수 없습니다.

따라서 만들 수 있는 세 자리 수 중 짝수이면서 각 자리 숫자의 합이 9인 세 자리 수는 270, 702, 720입니다.

4 공을 꺼냈다가 주머니에 다시 넣으므로 같은 숫자를 사용할 수 있습니다.

1부터 6까지의 수 중 곱이 20인 두 수는 4와 5이므로 천의 자리 숫자와 일의 자리 숫자는 4와 5가 될 수 있습니다.

또 각 자리 숫자의 합이 17이 되려면 백의 자리 숫자와 십의 자리 숫자의 합이 17-4-5=8이 되어야 합니다. 조건에 맞는 네 자리 수를 찾아보면 다음과 같습니다.

• 천의 자리 숫자가 4, 일의 자리 숫자가 5인 경우

4 2 6 5 , 4 6 2 5 , 4 3 5 5 ,

4 5 3 5 , 4 4 4 5

• 천의 자리 숫자가 5, 일의 자리 숫자가 4인 경우

5 2 6 4 , 5 6 2 4 , 5 3 5 4 ,

5 5 3 4 , 5 4 4 4

따라서 조건을 만족하는 수는 모두 10개입니다.

5 혜영이가 한 장 더 가지고 있는 카드의 수를 먼저 알아봅니다.

한 장 더 있는 카드의 수가 6이면 만들 수 있는 가장 큰 수가 966이 됩니다. (×)

한 장 더 있는 카드의 수가 4이면 만들 수 있는 가장 작은 수가 344가 됩니다. (×)

한 장 더 있는 카드의 수가 3이면 만들 수 있는 가장 작은 수가 334가 됩니다. (×)

한 장 더 있는 카드의 수가 9이면 만들 수 있는 가장 큰 수가 996이 됩니다. (×)

한 장 더 있는 카드의 수가 5이면 만들 수 있는 가장 큰 수가 965, 가장 작은 수가 345가 됩니다. (○)

따라서 혜영이가 한 장 더 가지고 있는 카드의 수는 5입니다.

6 , 4 , 3 , 9 , 5 , 5 6장의 수 카드로 만들 수 있는 세 자리 수를 가장 큰 수부터 차례대로 쓰면 965, 964, 963, 956, 955, 954, 953……이므로 다섯 번째로 큰 수는 955입니다.

6 ▽=1, ◁=10을 나타냅니다.

• 10+10+10+1+1+1+1+1+1=36

• 10+10+10+10+10+1+1+1+1+1+1+1+1+1+1=59

⇨ 36+59=95

7 먼저 🦁는 십의 자리에 있으므로 십의 자리 숫자는 6입니다.

백의 자리에 🐰, 🐰, 🐸이므로 백의 자리 숫자는 1, 4보다 크고 6보다 작으므로 5입니다.

일의 자리에 🐸, 🐰, 🐸이므로 일의 자리 숫자는 9, 3보다 작고 1보다 큰 수이므로 2입니다.

따라서 빈 곳에 알맞은 수는 562입니다.

특강 영재원・창의융합 문제 28쪽

8

	2		2
	3		
4			8
6			

9

4		2	4
	5		
4			4
	2		

II 연산 영역

STEP 1 경시 대비 문제 　　30~31쪽

[주제 학습 5]

×	6	7	9
3	18	21	27
5	30	35	45
7	42	49	63

1

×	5	6	8
2	10	12	16
3	15	18	24
9	45	54	72

2

×	6	3	4
9	54	27	36
4	24	12	16
7	42	21	28

[확인 문제] [한 번 더 확인]

1-1

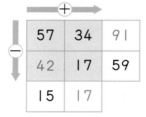

1-2 54
2-1

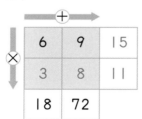

2-2

3-1 (왼쪽에서부터) 67, 48
3-2 (왼쪽에서부터) 115, 94

1

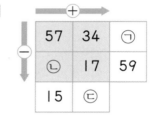

×	5	6	8
2	10	㉠	㉡
3	㉢	18	24
9	㉣	㉤	㉥

㉠=2×6=12,
㉡=2×8=16,
㉢=3×5=15,
㉣=9×5=45,
㉤=9×6=54,
㉥=9×8=72

2

×	6	3	4
9	㉠	27	㉢
㉠	24	㉣	16
7	㉤	21	28

㉠×6=24에서
4×6=24이므로
㉠=4입니다.
㉡=9×6=54,
㉢=9×4=36,
㉣=4×3=12, ㉤=7×6=42

[확인 문제] [한 번 더 확인]

1-1

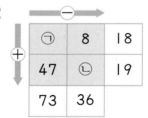

연산표의 가로 방향은 덧셈, 세로 방향은 뺄셈입니다.
· ㉠=57+34이므로 ㉠=91입니다.
· 57−㉡=15이므로 ㉡=57−15=42
· 34−17=㉢이므로 ㉢=17입니다.

1-2

연산표의 가로 방향은 뺄셈, 세로 방향은 덧셈입니다.
· ㉠−8=18이므로 ㉠=18+8=26입니다.
· 8+㉡=36이므로 ㉡=36−8=28입니다.
따라서 ㉠+㉡=26+28=54입니다.

다른 풀이

· ㉠+47=73이므로 ㉠=73−47=26
· 47−㉡=19이므로 ㉡=47−19=28
⇨ ㉠+㉡=26+28=54

2-1

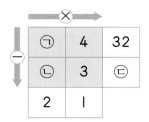

연산표의 가로 방향은 덧셈, 세로 방향은 곱셈입니다.

- ㉠=6+9=15
- 6×㉡=18이므로 ㉡=3
- 9×㉢=72이므로 ㉢=8
- ㉣=㉡+㉢=3+8=11

2-2

연산표의 가로 방향은 곱셈, 세로 방향은 뺄셈입니다.

- ㉠×4=32이므로 ㉠=8입니다.
- 8-㉡=2이므로 ㉡=6입니다.
- ㉡×3=6×3=㉢이므로 ㉢=18입니다.

3-1 39에서 출발하면 39+28=67입니다.

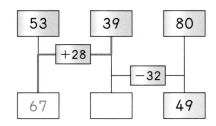

80에서 출발하면 80-32=48입니다.

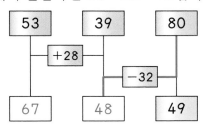

3-2 52에서 출발하면 52-17=35, 35+59=94입니다.

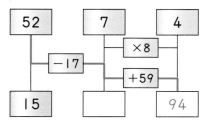

7에서 출발하면 7×8=56, 56+59=115입니다.

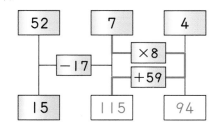

STEP 1 경시 대비 문제 32~33쪽

[주제 학습 6] 133, 88

1 169

2 8

[확인 문제] [한 번 더 확인]

1-1 (1)

	7	4
+	5	2

또는

	7	2
+	5	4

, 126

(2)

	2	5
+	4	7

또는

	2	7
+	4	5

, 72

1-2 (1)

	9	5
-	3	0

, 65

(2)

	5	0
-	3	9

, 11

2-1 57   **2-2** 39

1 합이 가장 크려면 십의 자리에 큰 숫자를 놓습니다. ⇨ 95+74=169 또는 94+75=169

2 두 수의 차가 가장 작게 되려면 두 수의 십의 자리에 오는 숫자들의 차가 가장 작아야 합니다.
⇨ 3□, 2△
또 일의 자리에 오는 숫자는 빼지는 수는 작게, 빼는 수는 크게 하여 받아내림을 생각합니다.
⇨ 36, 28
따라서 36-28=8이 차가 가장 작은 경우의 값이 됩니다.

[확인 문제][한 번 더 확인]

1-1 합이 가장 크려면 십의 자리에 큰 숫자를 놓고, 합이 가장 작으려면 십의 자리에 작은 숫자를 놓습니다.
(1)
$$\begin{array}{r} 7\,4 \\ +\,5\,2 \\ \hline 1\,2\,6 \end{array}$$
또는
$$\begin{array}{r} 7\,2 \\ +\,5\,4 \\ \hline 1\,2\,6 \end{array}$$
(2)
$$\begin{array}{r} 2\,5 \\ +\,4\,7 \\ \hline 7\,2 \end{array}$$
또는
$$\begin{array}{r} 2\,7 \\ +\,4\,5 \\ \hline 7\,2 \end{array}$$

1-2 (1) 차가 가장 크려면 (가장 큰 두 자리 수)-(가장 작은 두 자리 수)의 식을 만들어야 합니다.
(2) 차가 가장 작으려면 두 수의 십의 자리에 오는 숫자들의 차가 가장 작아야 합니다. 일의 자리에 오는 숫자는 빼지는 수는 작게, 빼는 수는 크게 하여 십의 자리에서의 받아내림을 생각합니다.

> **주의**
> 0은 십의 자리에 올 수 없는 것에 주의합니다.

2-1 계산한 값이 가장 크려면 더하는 두 자리 수에 가장 큰 수와 두 번째로 큰 수를 놓고 빼는 수에 가장 작은 수를 놓습니다.
⇨ 6-□+□□=6-2+53
   =4+53=57

2-2 계산한 값이 가장 작으려면 빼는 수에 가장 큰 수를 놓습니다.
⇨ 4□+□-□=42+5-8=47-8=39
   또는 4□+□-□=45+2-8=47-8=39

[주제 학습 7] +, -

1 (1) -, +   (2) +, -
   (2) 예 $\boxed{21}-\boxed{20}+\boxed{18}=\boxed{19}$

[확인 문제][한 번 더 확인]

1-1 -21에 ♂ 표시   **1-2** +43에 ♂ 표시

2-1 $\boxed{38}+\boxed{45}-\boxed{51}=32$ 또는
    $\boxed{45}+\boxed{38}-\boxed{51}=32$

2-2 -, +, -, + 또는 +, -, -, -

3-1 (1) ×, -   (2) ×, +

3-2

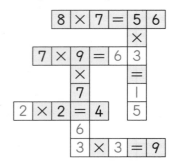

1 주어진 세 수의 일의 자리 숫자만을 계산하여 계산 결과의 일의 자리 숫자와 비교해 봅니다.
(1) 22, 14, 37에서 일의 자리 숫자만을 계산해 보면
2+4+7=13(×), 12-4-7=1(×),
12+4-7=9(×), 12-4+7=15(○)
따라서 22-14+37=8+37=45로 답이 맞습니다.
(2) 51+25+18=76+18=94(×),
51-25-18=26-18=8(×),
51+25-18=76-18=58(○),
51-25+18=26+18=44(×)

2 21-19+18=20 등 여러 가지 식이 나올 수 있습니다.

[확인 문제][한 번 더 확인]

1-1 주어진 식을 그대로 계산한 값과 117을 비교해 봅니다.
65-21+38+14=96이고 96과 117은 21만큼 차이가 나므로 필요 없는 부분은 -21입니다. ⇨ 65+38+14=117

1-2 계산 결과의 십의 자리 숫자가 3이므로 더하는 세 수 중 십의 자리에 4 또는 4보다 큰 수가 있으면 안 됩니다.
⇨ 28+10=38

2-1 일의 자리 숫자만 계산하여 계산 결과의 일의 자리 숫자가 2가 되는 세 수를 찾아 보면
1+9−8=2, 8+5−1=12, 8+9−5=12입니다.
51+29−38=42 (×)
38+45−51=32 (○)
38+29−45=22 (×)

2-2 ○ 안에 모두 +를 넣은 값을 계산하면
5+4+3+2+1=15이고, 15와 주어진 계산 결과 3과의 차는 12입니다.
5, 4, 3, 2, 1로 12의 절반인 6을 뺄 수 있는 수들은 (5, 1), (4, 2), (3, 2, 1)입니다.
단, 5는 식에서 가장 앞에 있는 수이므로 앞에 −를 붙일 수 없으므로 나머지 2개의 경우만 생각합니다. 따라서 5−4+3−2+1=3 또는 5+4−3−2−1=3입니다.

> **참고**
> • 12의 절반인 6을 빼는 이유
> 5+4+3+2+1=15에서 4 앞에 있는 +를 −로 바꾸면 5−4+3+2+1=7이 되어 +4일 때보다 15−7=8만큼 줄어들게 됩니다. 따라서 6을 빼면 모두 +일 때보다 12만큼 줄어들게 됩니다.

3-1 (1) 2×3+4=6+4=10 (×)
2×3−4=6−4=2 (○)
(2) 3×3−4=9−4=5 (×)
3×3+4=9+4=13 (○)

3-2

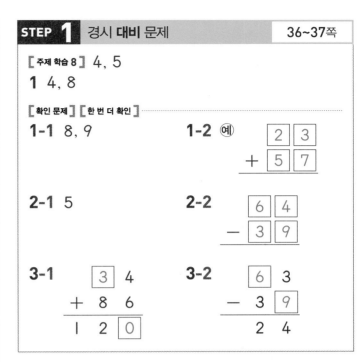

① 7×9=63,
② 5×3=15,
③ □×2=4
⇨ □=2
④ 9×7=63,
⑤ 3×□=9
⇨ □=3

[주제 학습 8] 4, 5
1 4, 8

[확인 문제] [한 번 더 확인]

1-1 8, 9   **1-2** (예)

$$\begin{array}{r} \boxed{2}\ \boxed{3} \\ +\ \boxed{5}\ \boxed{7} \\ \hline \end{array}$$

2-1 5   **2-2**

$$\begin{array}{r} \boxed{6}\ \boxed{4} \\ -\ \boxed{3}\ \boxed{9} \\ \hline \end{array}$$

3-1

$$\begin{array}{r} \boxed{3}\ 4 \\ +\ 8\ 6 \\ \hline 1\ 2\ \boxed{0} \end{array}$$

3-2

$$\begin{array}{r} \boxed{6}\ 3 \\ -\ 3\ \boxed{9} \\ \hline 2\ 4 \end{array}$$

1 십의 자리에서 받아내림이 있는 뺄셈식입니다.
• 2+10−ⓒ=4, ⓒ=8
• ㉠−1−2=1, ㉠=4

[확인 문제] [한 번 더 확인]

1-1 • 일의 자리 계산에서 5+ⓒ=14, ⓒ=9입니다.
• 일의 자리 계산에서 받아올림을 하였으므로 1+㉠+4=13, ㉠=8입니다.

1-2 계산 결과의 일의 자리 숫자가 0이므로 일의 자리에 3과 7이 오고, 십의 자리 숫자의 합이 7이 되도록 하면 받아올림을 했을 때 십의 자리 숫자가 8이 됩니다.
⇨ 23+57=80 또는 27+53=80

2-1 2, 5, 8, 9로 만들 수 있는 두 자리 수의 일의 자리 숫자끼리 뺄셈한 결과가 4가 되는 경우를 찾아 봅니다.

$$\begin{array}{r} \boxed{8}\ \boxed{9} \\ -\ 3\ \boxed{5} \\ \hline 5\ 4 \end{array}\quad \begin{array}{r} \boxed{5}\ \boxed{2} \\ -\ 3\ 8 \\ \hline 1\ 4 \end{array}\quad \begin{array}{r} \boxed{9}\ \boxed{2} \\ -\ 3\ 8 \\ \hline \boxed{5}\ 4 \end{array}$$
      (×)   (×)   (○)

2-2 일의 자리에 9와 4가 오고 받아내림이 없는 경우: 69−34=35 (×)

정답과 풀이 / 연산 영역

일의 자리에 9와 4가 오고 받아내림이 있는 경우: 64−39=25(○)

3-1
```
   ㉠ 4
 + 8 6
─────
 1 2 ㉡
```
· 4+6=1㉡, ㉡=0
· 1+㉠+8=12, ㉠=3

3-2
```
   ㉠ 3
 − 3 ㉡
─────
   2 4
```
· 10+3−㉡=4, ㉡=9
· ㉠−1−3=2, ㉠=6

STEP 2 도전! 경시 문제   38~43쪽

1

×	8	6	7
4	32	24	28
6	48	36	42
9	72	54	63

2

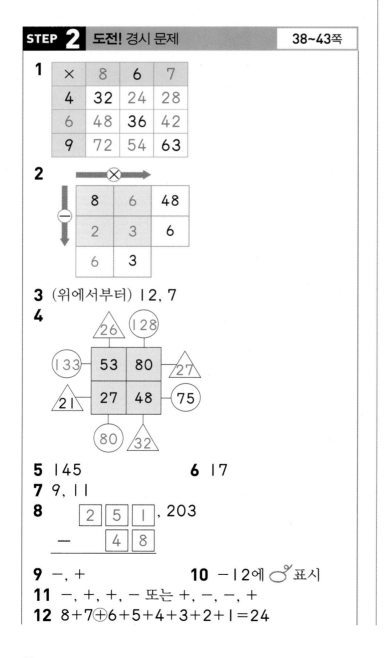

⊗→		
8	6	48
2	3	6
6	3	

3 (위에서부터) 12, 7

4

```
        26      128
   133 ┌─────┬─────┐ 27
       │ 53  │ 80  │
    21 ├─────┼─────┤ 75
       │ 27  │ 48  │
       └─────┴─────┘
        80      32
```

5 145   **6** 17
7 9, 11
8
```
 2 5 1
−    4 8
```
, 203

9 −, +   **10** −12에 ♂표시
11 −, +, +, − 또는 +, −, −, +
12 8+7⊕6+5+4+3+2+1=24

13 예 ⌈1⌉+⌈2⌉⌈9⌉+⌈3⌉⌈1⌉=⌈5⌉⌈2⌉
; 12+9+31=52

14 5, 8   **15** 631
16 (1) 예

```
  2 4
+ 6 5
─────
  8 9
```

(2) 예

```
  4 2
+ 5 6
─────
  9 8
```

17 8
18

36	6	48
42	30	18
12	54	24

19

42	7	56
49	35	21
14	63	28

20

1	8	3
6	4	2
5	0	7

21 예

8	1	6
3	5	7
4	9	2

22 (1) 9, 0, 1   (2) 2, 4
23 6   **24** 10

1

×	㉠	6	㉡
4	32		
㉢		36	
9			63

4×㉠=32에서 ㉠=8
9×㉡=63에서 ㉡=7
㉢×6=36에서 ㉢=6
위에서부터 빈칸에 알맞은 수를 구하면 다음과 같습니다.
4×6=24, 4×7=28 / 6×8=48, 6×7=42 /
9×8=72, 9×6=54

2

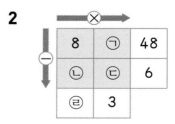

⊗→		
8	㉠	48
㉡	㉢	6
㉣	3	

· 8×㉠=48, ㉠=6
· ㉠−㉢=6−㉢=3, ㉢=3
· ㉡×㉢=㉡×3=6, ㉡=2
· 8−㉡=8−2=6, ㉣=6

3

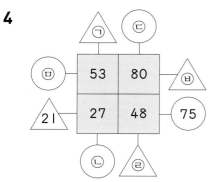

- $5 \times ⓒ = 35$, $ⓒ = 7$
- $5 + ⓒ = ㄱ$, $5 + 7 = 12$, $ㄱ = 12$

4

$ㄱ$ $53 - 27 = 26$ $ⓒ$ $53 + 27 = 80$
$ⓒ$ $80 + 48 = 128$ $ㄹ$ $80 - 48 = 32$
$ㅁ$ $53 + 80 = 133$ $ㅂ$ $80 - 53 = 27$

5 $8 > 6 > 3 > 2$이므로 십의 자리에 8과 6을 놓습니다.
⇨ $83 + 62 = 145$ 또는 $82 + 63 = 145$

6 주어진 4장의 수 카드 중에서 차가 가장 작은 두 수는 9, 7입니다.
⇨ $9\square - 7\triangle$
일의 자리에 오는 숫자는 받아내림을 생각하여 빼는 수를 가능한 크게 합니다. ⇨ $91 - 74 = 17$

7 차가 15보다 작으려면 계산 결과의 십의 자리 숫자가 1이거나 받아내림을 하여 0이 되는 경우를 생각합니다.
두 수의 차가 15보다 작은 경우는 다음과 같습니다.
$51 - 42 = 9$, $52 - 41 = 11$, $25 - 14 = 11$, $24 - 15 = 9$
따라서 두 수의 차가 15보다 작은 경우는 11, 9입니다.

8 200보다 크면서 200에 가장 가까운 수를 만들기 위해서는 백의 자리에 2를 놓아야 합니다.
또 나머지 4장의 카드로 만든 (두 자리 수)−(두 자리 수)의 값이 가장 작아야 200에 가장 가까운 수를 만들 수 있습니다.
따라서 구하는 식은 $251 - 48 = 203$입니다.

9 주어진 세 수를 모두 더하면 112이고 112와 62의 차는 50입니다.
50의 반은 25이므로 25 앞에 '−' 부호를 써넣습니다.
⇨ $51 - 25 + 36 = 26 + 36 = 62$

10 주어진 식을 그대로 계산하면
$58 - 12 - 9 + 25 = 62$로 74와 12만큼 차이가 납니다.
따라서 필요 없는 부분 −12에 ◯로 표시합니다.

11 $9 + 7 + 5 + 3 + 1 = 25$이고, 25와 주어진 계산 결과인 9와의 차는 $25 - 9 = 16$입니다.
16의 절반인 8을 만들 수 있는 숫자들은 (7, 1), (5, 3)입니다.
따라서 $9 - 7 + 5 + 3 - 1 = 9$ 또는
$9 + 7 - 5 - 3 + 1 = 9$입니다.

12 $8 + 7 + 6 + 5 + 4 + 3 + 2 + 1 = 36$이고 24가 되려면 $36 - 24 = 12$만큼 작아져야 합니다.
따라서 12가 작아지려면 12의 절반인 6 앞의 +를 −로 바꾸면 됩니다.
⇨ $8 + 7 - 6 + 5 + 4 + 3 + 2 + 1 = 24$

13 $1 + 29 + 31 = 61$이므로 52가 되려면 9만큼 작아져야 합니다. 따라서 $+$와 2의 위치를 바꾸면 $1 + 29 = 30$에서 $12 + 9 = 21$로 9만큼 작아지므로 $12 + 9 + 31 = 52$가 되어 등식이 성립합니다.

14 쪽지에 적힌 수들을 세로셈으로 나타내면

```
   ㄱ 0
 - 3 ⓒ
 ─────
   1 2
```

입니다.
십의 자리에서 받아내림이 있으므로
$10 - ⓒ = 2$, $ⓒ = 8$이고 $ㄱ - 1 - 3 = 1$, $ㄱ = 5$입니다.

정답과 풀이

연산 영역

15

$$
\begin{array}{r}
\boxed{\small ⊙}\; 1 \\
+\; 7\; \boxed{\small ⓒ} \\
\hline
1\;3\;1
\end{array}
$$

- $1+ⓒ=1,\ ⓒ=0$
- $⊙+7=13,\ ⊙=6$

$$
\begin{array}{r}
6\;\boxed{\small ⓒ} \\
-\;\boxed{\small ⓔ}\;9 \\
\hline
2\;2
\end{array}
$$

- $10+ⓒ-9=2,\ ⓒ=1$
- $6-1-ⓔ=2,\ 5-ⓔ=2,$
  $ⓔ=3$

따라서 6, 0, 1, 3 중 3개의 숫자를 사용하여 만들 수 있는 가장 큰 세 자리 수는 631입니다.

16 (1)

$$
\begin{array}{r}
2\;4 \\
+\;6\;5 \\
\hline
8\;9
\end{array}
\quad 또는 \quad
\begin{array}{r}
6\;4 \\
+\;2\;5 \\
\hline
8\;9
\end{array}
$$

(2)

$$
\begin{array}{r}
4\;2 \\
+\;5\;6 \\
\hline
9\;8
\end{array}
\quad 또는 \quad
\begin{array}{r}
5\;2 \\
+\;4\;6 \\
\hline
9\;8
\end{array}
$$

17 일의 자리 계산에서 $□+2+□=8$이 되는 경우는 $3+2+3=8$과 $8+2+8=18$입니다.
- $□=3$인 경우 $33+32+53=118$ (×)
- $□=8$인 경우 $38+82+58=178$ (○)

18 2개의 수가 주어진 줄부터 먼저 계산하여 빈칸을 채워 나갑니다.

		48
	ⓒ	18
12	ⓔ	⊙

- $48+18+⊙=90,$
  $66+⊙=90,\ ⊙=24$
- $48+ⓒ+12=90,$
  $60+ⓒ=90,\ ⓒ=30$
- $12+ⓔ+24=90,\ 36+ⓔ=90,\ ⓔ=54$

나머지 빈칸도 이와 같은 방법으로 채웁니다.

19 2개의 수가 주어진 줄부터 먼저 계산하여 빈칸을 채워 나갑니다.

42	⊙	56
ⓒ	35	
ⓔ	63	

- $⊙+35+63=105,$
  $⊙+98=105,\ ⊙=7$
- $56+35+ⓒ=105,$
  $91+ⓒ=105,\ ⓒ=14$
- $42+ⓔ+14=105,\ 56+ⓔ=105,\ ⓔ=49$

나머지 빈칸도 이와 같은 방법으로 채웁니다.

20 0, 1, 2, 3, 4, 6, 7을 사용하여 가로, 세로, 대각선 위의 수들의 합이 12가 되도록 마방진을 완성합니다.

⊙	8	ⓒ
ⓒ	ⓔ	ⓜ
5	ⓗ	ⓢ

$⊙+8+ⓒ=12$이므로 ⊙, ⓒ에 올 수 있는 수는 $(0, 4), (1, 3)$입니다.

$⊙=0,\ ⓒ=4$일 경우 $ⓔ=3,\ ⓢ=9$이므로 성립하지 않습니다.
$⊙=4,\ ⓒ=0$일 경우 $ⓔ=7$이 되어 8을 포함하는 세로줄의 합이 12를 넘으므로 성립하지 않습니다.
$⊙=3,\ ⓒ=1$일 경우 $ⓔ=6$이 되어 가운데 세로줄의 합이 12를 넘으므로 성립하지 않습니다.
따라서 $⊙=1,\ ⓒ=3$입니다.
나머지 빈칸도 이와 같은 방법으로 채웁니다.

21 1에서 9까지의 수를 사용하는 마방진의 가운데 칸에는 중간수인 5가 와야 합니다.

8	3	4
1	5	9
6	7	2

도 정답입니다.

> **참고**
>
> • 가운데 수가 5인 이유
>
> | ⊙ | ⓒ | ⓔ |
> |---|---|---|
> | ⓓ | ⓜ | ⓗ |
> | ⓢ | ⓞ | ⓩ |
>
> ⊙~ⓩ을 모두 더하면 $15+15+15=45$입니다.
> 가운데 가로줄, 가운데 세로줄, 두 대각선의 합은 모두 15가 되므로
> $⊙+ⓜ+ⓩ=15,\ ⓔ+ⓜ+ⓢ=15,$
> $ⓒ+ⓜ+ⓞ=15,\ ⓓ+ⓜ+ⓗ=15$입니다.
> 위의 네 식을 모두 더하면 (⊙~ⓩ까지의 합)$+ⓜ$ $+ⓜ+ⓜ=60,\ ⓜ+ⓜ+ⓜ=15,\ ⓜ=5$입니다.
> 따라서 가운데 칸에는 5가 들어갑니다.

22 (1) (두 자리 수)+(한 자리 수)의 계산 결과가 세 자리 수이므로 십의 자리에서 받아올림이 있습니다. $★+★=18$이므로 $★=9$입니다.

따라서
$$
\begin{array}{r}
9\;9 \\
+\quad 9 \\
\hline
1\;0\;8
\end{array}
$$
이 됩니다.

(2) ▲에 |부터 차례대로 수를 넣었을 때 계산 결과의 십의 자리 숫자와 일의 자리 숫자가 같게 나오는 경우를 찾아봅니다.

▲=|일 때 7|-|8=53(×)
▲=2일 때 72-28=44이므로 ▲=2,
■=4입니다.

23 세 수의 십의 자리 숫자를 더하면 4+2+|=7이고 계산 결과의 십의 자리 숫자는 8이므로 일의 자리에서 받아올림이 있습니다.
따라서 ■+■+■=|8이고 6+6+6=|8이므로 ■=6입니다.

24 ●+★=★이므로 ●=0입니다.
★+■=★●이므로 ★=|입니다.
따라서 |0+■|=|0|에서 ■|=9|이므로 ■=9입니다.
⇨ ★+●+■=|+0+9=|0

| STEP **3** 코딩 유형 문제 | | 44~45쪽 |

1 6   **2** 8|
3 ㉠, |4

1 7을 시작에 넣으면 다음과 같은 순서에 따라 수가 바뀌게 됩니다.
⇨ 7>5이므로 7×4=28
⇨ 28에서 십의 자리 숫자가 일의 자리 숫자보다 작으므로 28+32=60
⇨ 60>50이므로 60-45=|5
⇨ |5에서 |+5=6
⇨ 6

2 4를 넣으면 명령에 따라 다음과 같이 수가 변합니다.
〈명령 |〉: 4×7=28
〈명령 2〉: 28+3|=59
〈명령 3〉: 59<|00이므로 59+|5=74
〈명령 4〉: 74는 짝수이므로 74+7=8|
〈명령 5〉: 8|

---

3 생쥐 로봇이 규칙에 따라 이동하면 다음과 같습니다. 마지막에 도착하는 칸은 ㉠이고 그때의 수는 |4입니다.

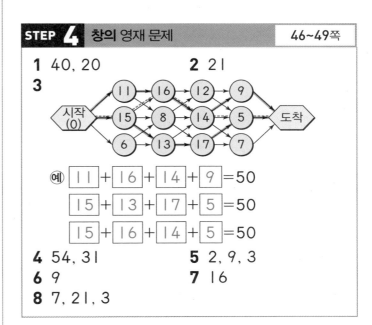

| STEP **4** 창의 영재 문제 | | 46~49쪽 |

1 40, 20   **2** 2|
3

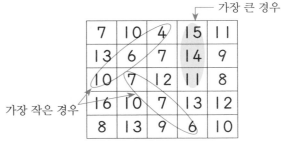

⒠ |||+|16|+|14|+|9|=50
|15|+|13|+|17|+|5|=50
|15|+|16|+|14|+|5|=50

4 54, 3| **5** 2, 9, 3
6 9   **7** |6
8 7, 2|, 3

1

			가장 큰 경우	
7		0	4		5			
	3	6	7		4	9
	0	7		2				8
	6		0	7		3		2
8		3	9	6		0

가장 큰 경우: |5+|4+||=40
가장 작은 경우: |0+6+4=20
또는 7+7+6=20

2 수 카드 10이 들어갈 위치를 먼저 찾습니다.
10을 넣었을 때 가로 또는 세로 줄의 합을 만들기 위해 나머지 빈칸에 들어가야 하는 수가 남은 수 카드 2, 3, 5, 8, 9 중에 없는 수이면 그 줄에는 10이 들어갈 수 없습니다.
오른쪽과 같이 수 카드 10을 넣었을 때 남은 수 카드에 없는 1이 필요하므로 해당 칸에는 10이 들어갈 수 없습니다.

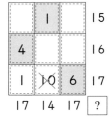

따라서 주어진 수 카드로 표를 완성하면 오른쪽과 같습니다.
⇨ (대각선(＼)에 놓인 수들의 합)=5+10+6=21

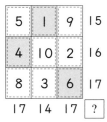

3 11+16+14+9=50, 15+13+17+5=50, 15+16+14+5=50

4 도착점에서의 수가 가장 큰 경우는 15+16+14+9=54입니다.

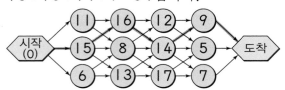

도착점에서의 수가 가장 작은 경우는 6+8+12+5=31입니다.

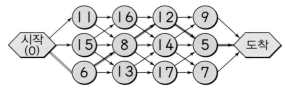

5 ●은 계산 결과의 십의 자리 숫자이기도 하므로 ●=0이 될 수 없습니다.
●에 1부터 차례대로 넣어 식을 만족하는지 알아봅니다.
●이 1부터 8이면 식을 만족하는 두 자리 수 ★●가 없습니다.

★=2, ●=9, ♥=3일 때 다음과 같이 식을 만족합니다.

$$\begin{array}{r} 29 \\ 29 \\ +\ 35 \\ \hline 93 \end{array}$$

6 2, 3, 5, +, −를 사용하여 1부터 10까지의 수를 만들어 봅니다.
3−2=1, 2, 3, 5−3+2=4, 5, 5+3−2=6, 2+5=7, 5+3=8, 2+3+5=10
따라서 만들 수 없는 수는 9입니다.

7 (말)×(말)=16에서 4×4=16이므로 말이 나타내는 수는 4입니다.
4×(호랑이)×(호랑이)=36이므로 (호랑이)×(호랑이)=9입니다. 3×3=9이므로 호랑이가 나타내는 수는 3입니다.
(말)×(호랑이)+(타조)=21, 4×3+(타조)=21, 12+(타조)=21이므로 타조가 나타내는 수는 9입니다.
⇨ (말)+(호랑이)+(타조)=4+3+9=16

8 (사과)+(사과)+9=51, (사과)+(사과)=42이므로 사과가 나타내는 수는 21입니다.
21=(딸기)×(바나나)이므로 (딸기)=3, (바나나)=7 또는 (딸기)=7, (바나나)=3입니다.
(바나나)−(딸기)=4이므로 (바나나)=7, (딸기)=3입니다.
따라서 각 과일이 나타내는 수는 바나나 7, 사과 21, 딸기 3입니다.

특강	영재원 · 창의융합 문제	50쪽

9 ① 5, 50 ② 3, 2, 6 ③ 56

9 한 손의 손가락은 7−5=2(개) 접고 다른 손의 손가락은 8−5=3(개) 접습니다.
① 양쪽 손의 접힌 손가락은 모두 5개이므로 5×10=50입니다.
② 양쪽 손의 펼쳐진 손가락은 각각 3개, 2개이므로 3×2=6입니다.
③ 7×8=①+②=50+6=56

III 도형 영역

STEP 1 경시 **대비** 문제   52~53쪽

[주제 학습 9]

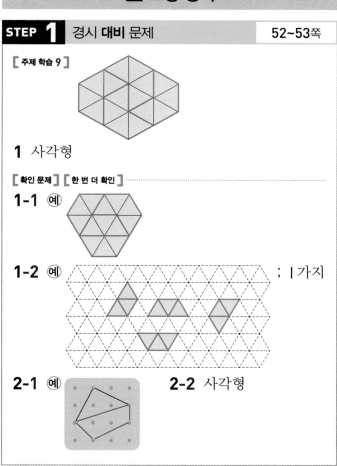

1 사각형

[확인 문제] [한 번 더 확인]

1-1 예

1-2 예   ; 1가지

2-1 예   **2-2** 사각형

1 빼낸 고무줄에 ✕표 해 보면 다음과 같이 변이 4개이므로 사각형입니다.

[확인 문제] [한 번 더 확인]

1-1   ,   등과 같이 만들 수도 있습니다.

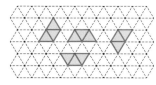

1-2   ⇨ 돌리면 모두 같은 모양이므로 트리아 몬드는 1가지 모양입니다.

2-1 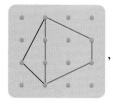 , 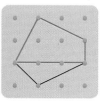 등과 같이 끼울 수도 있습니다.

2-2 새로 생긴 선은 다음 그림에서 ◯표 한 선입니다. 이 선을 포함하여 고무줄로 만들 수 있는 도형은 사각형입니다.

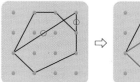 ⇨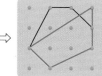

STEP 1 경시 **대비** 문제   54~55쪽

[주제 학습 10]

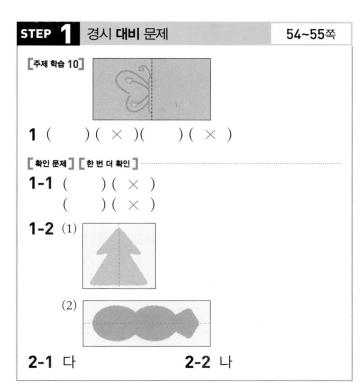

1 (   ) (✕)(   ) (✕)

[확인 문제] [한 번 더 확인]

1-1 (   ) (✕)
     (   ) (✕)

1-2 (1)

(2)

2-1 다   **2-2** 나

1 거울이 놓인 곳을 접는 선이라 생각하고 접었을 때 모양이 완전히 겹쳐져야 합니다.

1-1 데칼코마니 기법을 이용하여 만들면

 , 와 같은 모양이 되

어야 합니다.

1-2 점선을 따라 접었을 때 왼쪽과 오른쪽 또는 위와 아래의 모양이 겹쳐져야 합니다.

2-1 달 모양의 위쪽에 거울을 놓았으므로 거울에 비치는 모양은 위와 아래가 바뀐 다 모양입니다.

2-2 그림의 왼쪽에 거울을 놓았으므로 거울에 비치는 모양은 왼쪽과 오른쪽이 바뀐 나 모양입니다.

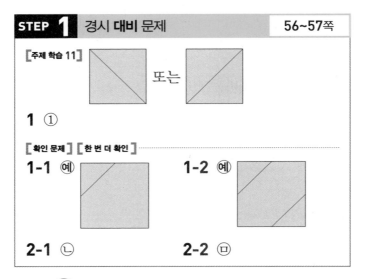

STEP 1 경시 **대비** 문제   56~57쪽

[주제 학습 11]

또는

1 ①

[확인 문제] [한 번 더 확인]

1-1 예   **1-2** 예

2-1 ㉡   **2-2** ㉤

1 ⬤ 모양은 어디에서 보아도 똑같은 크기의 원으로 보입니다. 따라서 반으로 자르면 자른 면은 원 모양입니다.

[확인 문제] [한 번 더 확인]

1-1 와 같이 자르면 와 같이 큰 조각이 오각형이 됩니다.

1-2 와 같이 자르면 와 같이 가운데 부분이 육각형이 됩니다.

2-1 잘라 낸 모양은  이므로 잘라 낸 면의 모양은 삼각형입니다.

2-2 잘라 낸 모양은 왼쪽과 같고 모든 면은 삼각형입니다.

STEP 1 경시 **대비** 문제   58~59쪽

[주제 학습 12] 4

1 ㉠, ㉢, ㉣

[확인 문제] [한 번 더 확인]

1-1 5   **1-2** 4

2-1 다   **2-2** ⑤

1 ㉡ 파란색 쌓기나무 오른쪽에는 쌓기나무가 없습니다.
㉤ 빨간색 쌓기나무 앞에는 파란색 쌓기나무가 있습니다.

[확인 문제] [한 번 더 확인]

1-1 오른쪽으로 한 번 → 앞쪽으로 한 번 →

따라서 윗면에 보이는 눈의 수는 5입니다.

1-2 뒤로 한 번 → 오른쪽으로 한 번 →

따라서 윗면에 보이는 눈의 수는 4입니다.

2-1 따라서 ⬤설명⬤에 따라 쌓기나무를 바르게 쌓은 것은 다입니다.

2-2 순서대로 쌓기나무를 쌓으면 오른쪽과 같이 ⑤ 주황색 쌓기나무가 공중에 떠 있게 되므로 ⑤는 쌓을 수 없습니다.

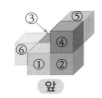

앞

STEP **2** 도전! 경시 문제 | 60~65쪽

1 사각형, 삼각형

2 (예)
3 (예)

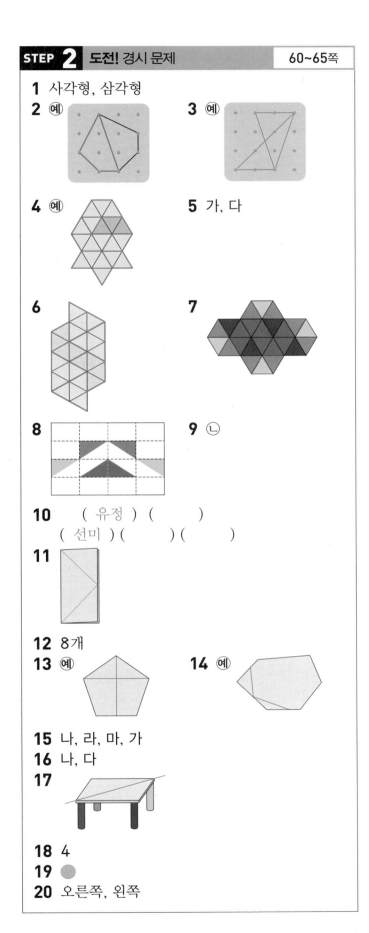

4 (예)

5 가, 다

6

7

8

9 ㉡

10 (유정) (   )
　　(선미) (   ) (   )

11

12 8개

13 (예)
14 (예)

15 나, 라, 마, 가

16 나, 다

17

18 4

19 🔘

20 오른쪽, 왼쪽

---

1 다에서 거꾸로 생각하여 각 단계에서 빠진 선이 무엇인지 찾고(×표 한 선), 그 선으로 만들 수 있는 도형은 무엇인지 생각해 봅니다.

　　　　　삼각형　　　　　사각형

2

, 　 등과 같이 여러 가지 방법

으로 끼울 수 있습니다.

3

, 　 등과 같이 한 변이 겹쳐

고 한 고무줄이 다른 고무줄 위로 지나가게 하면 크고 작은 삼각형 5개를 만들 수 있습니다.

4
　 , 　 등과 같이 만들 수도 있습니다.

5 가 　　　　 다

6 삼각형 모양 조각의 개수가 더 많으므로 삼각형 모양 조각의 위치를 먼저 알아보는 것이 편리합니다.

7 모양 조각의 빨간색 부분에 맞추면 다음과 같습니다.

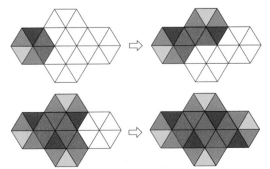

8 다음과 같이 선을 그으면 색칠해야 할 부분을 쉽게 알 수 있습니다.

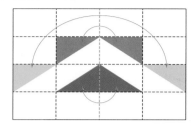

9 거울에 비친 모양은 쌓기나무의 왼쪽과 오른쪽이 바뀐 ⓒ입니다.

10 선미와 유정이의 왼쪽과 오른쪽을 생각하면서 답을 찾습니다.

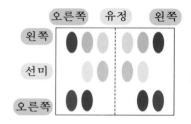

11 과정을 거꾸로 생각해 봅니다.

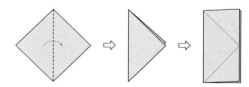

12

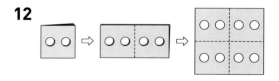

13 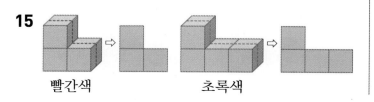 등과 같이 여러 가지 방법으로 선을 그을 수 있습니다.

14 등과 같이 여러 가지 방법으로 선을 그을 수 있습니다.

15

빨간색   초록색

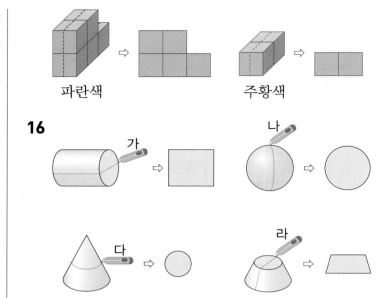

파란색   주황색

16

가   나

다   라

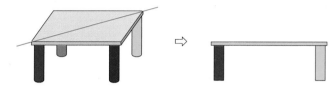

17 파란색과 노란색 다리 위를 지나도록 자릅니다.

18

선우의 앞으로 1번   선우의 왼쪽으로 1번   선우의 왼쪽으로 1번   지영

따라서 지영이는 3과 마주 보고 있는 면의 눈의 수를 보고 있으므로 지영이에게 보이는 앞면의 눈의 수는 4입니다.

19 마주 보는 면에 같은 모양이 그려져 있으므로 같은 방향으로 2번 굴리면 처음과 같은 모양이 보입니다. 주사위를 앞으로 2번, 오른쪽으로 2번 굴리기 전의 모양을 알아보려면 거꾸로 주사위를 왼쪽으로 2번, 뒤로 2번 굴려야 합니다.

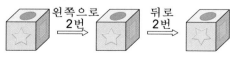

왼쪽으로 2번   뒤로 2번

20 바르게 쌓은 모양은 다음과 같습니다.

정호

STEP 3 코딩 유형 문제   66~67쪽

1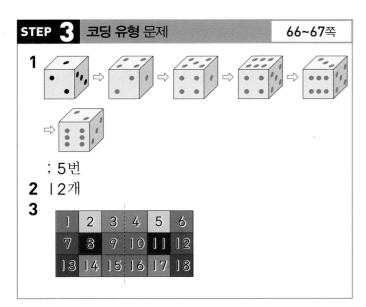

; 5번

2 12개

3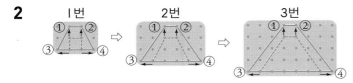

1
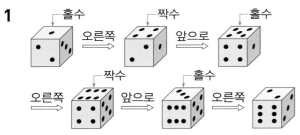

2
위와 같이 4단계를 3번 반복하거나 각 단계를 3번씩 반복하면 됩니다.

3 먼저 색을 칠하고 접는 점선을 생각하여 나머지 부분의 색을 칠합니다.

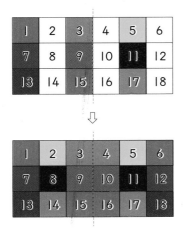

STEP 4 창의 영재 문제   68~71쪽

1 4개, 2개

2 (예)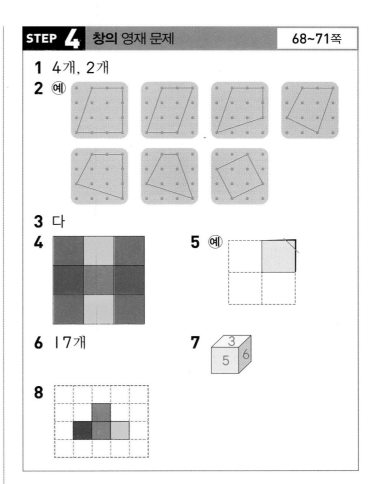

3 다

4 (그림)

5 (예) (그림)

6 17개

7 (그림)

8 (그림)

1

⇨ ㉠ 조각 4개, ㉡ 조각 2개

3
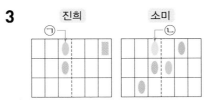

㉠과 ㉡의 색이 다르므로 진희는 소미가 보는 방향과 반대 방향에서 보고 있습니다.
진희와 소미가 만든 모양을 소미가 보는 방향에

한꺼번에 나타내면 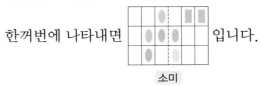 입니다.

이 모양을 점선을 따라 접어서 완성한 모양은 다입니다.

4 위쪽과 오른쪽 거울로 보면 다음과 같이 보입니다.

〈위쪽 거울〉

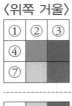

〈오른쪽 거울〉

거울에 비친 모양과 비치기 전 모양이 같으므로 같은 위치에 같은 색을 칠하면 다음과 같습니다.

〈위쪽 거울〉

〈오른쪽 거울〉

⑦은 ①, ⑨와 같은 색이어야 하므로 빨간색입니다.

5

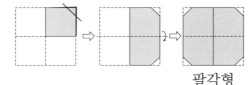

팔각형

6 다음과 같이 자르면 오각형 1개, 사각형 3개가 생깁니다.

 ⇨ (꼭짓점 수의 합)
=5+4+4+4=17(개)

7 왼쪽, 오른쪽을 반대로 굴렸으므로 나연이가 실제 굴린 방향은 다음과 같습니다.

순서	설명	실제 굴린 방향
1	앞으로 한 번	앞으로 한 번
2	오른쪽으로 한 번	왼쪽으로 한 번
3	앞으로 한 번	앞으로 한 번
4	왼쪽으로 한 번	오른쪽으로 한 번

실제 굴린 방향을 거꾸로 굴려서 처음 주사위가 놓인 모양을 알아봅니다.

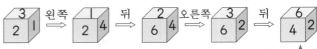

설명대로 움직였을 때:

8 지우가 보는 방향에서 쌓기나무를 쌓으면 다음과 같습니다. 민지가 볼 때 보라색 쌓기나무는 가려져서 보이지 않습니다.

특강	영재원·창의융합 문제	72쪽

9 나   **10**

9 차 안에서 보면 왼쪽과 오른쪽이 서로 바뀌어 보입니다. 내가 차 안에서 글자를 보고 있다고 생각하고 바깥에 있는 사람이 읽는 방향을 생각해 봅니다. 바깥에서는 와 같이 Z 방향으로 읽어야 하므로 차 안에서는 ꙅ 방향으로 글자가 보입니다.

가 [보초 전운] 나 [보초 뜨움] 다 [초보 전운] 라 [초보 움쯔]

따라서 나와 같이 보입니다.

10 차 안에서 보면 왼쪽과 오른쪽이 서로 바뀌어 보입니다.

Ⅳ 측정 영역

STEP 1 경시 **대비** 문제   74~75쪽

[주제 학습 13] 8 cm

1 15 cm   **2** 12 cm

[확인 문제] [한 번 더 확인]

1-1 4, 8   **1-2** 4, 3
2-1 25 cm   **2-2** 58 cm
3-1 4 cm, 3 cm   **3-2** 8 cm

1 삼각형의 3개의 변의 길이가 5 cm로 모두 같으므로 사용한 철사의 길이는 5+5+5=15 (cm)입니다.

2 빨간색 사각형이 파란색 사각형보다 각 변의 길이가 1 cm씩 더 길다고 하였으므로 빨간색 사각형의 한 변의 길이는 2+1=3 (cm)입니다.
⇨ (빨간색 사각형의 네 변의 길이의 합)
   =3+3+3+3=12 (cm)

[확인 문제] [한 번 더 확인]

1-1 초록색 사각형의 한 변의 길이를 △ cm라 하면
△+△+△+△=16이므로 △=4입니다.
빨간색 사각형의 한 변의 길이를 □ cm라 하면
□+□+□+□=32이므로 □=8입니다.

1-2 파란색 삼각형의 한 변의 길이를 △ cm라 하면
△+△+△=12이므로 △=4입니다.
초록색 삼각형의 한 변의 길이를 □ cm라 하면
□+□+□=9이므로 □=3입니다.

2-1 (잘라 낸 끈의 길이)
=(처음 끈의 길이)−(남은 끈의 길이)
=82−57=25 (cm)

2-2 왼쪽 부분의 길이는 46−17=29 (cm)입니다.
접힌 줄을 펴면 29+29=58 (cm)입니다.

3-1 (개) 그림을 보면 파란색 테이프의 길이는 노란색 테이프보다 1 cm 짧으므로 5−1=4 (cm)입니다.
(내) 그림을 보면 빨간색 테이프의 길이는 파란색 테이프보다 1 cm 짧으므로 4−1=3 (cm)입니다.

3-2 길이가 5 cm인 색 테이프 2장의 길이에서 겹쳐진 부분의 길이를 한 번 빼서 구합니다.
⇨ 5+5−2=10−2
       =8 (cm)

STEP 1 경시 **대비** 문제   76~77쪽

[주제 학습 14] 2 m

1 4 m 61 cm   **2** 35 cm

[확인 문제] [한 번 더 확인]

1-1 25 cm
1-2 A 빌딩, 12 m 42 cm
2-1 12 m 50 cm   **2-2** 18 m 80 cm
3-1 285 cm   **3-2** 250 cm

1 (주황색 끈과 초록색 끈의 길이의 합)
=2 m 39 cm+2 m 52 cm=4 m 91 cm
리본 모양 매듭 부분은 주황색과 초록색 끈에서 각각 15 cm씩이므로 모두 15+15=30 (cm)입니다.
묶어서 이은 끈의 전체 길이는 주황색 끈과 초록색 끈의 길이의 합에서 리본 모양 매듭 부분의 길이를 빼 주면 되므로
4 m 91 cm−30 cm=4 m 61 cm 입니다.

2 (매듭으로 이어 묶기 전 끈의 길이의 합)
=1 m 45 cm+1 m 45 cm
=2 m 90 cm
⇨ (매듭 부분의 길이)
   =2 m 90 cm−2 m 55 cm
   =35 cm

[확인 문제] [한 번 더 확인]

1-1 m는 m끼리, cm는 cm끼리 뺍니다.
⇨ (언니의 키)−(현수의 키)
   =1 m 52 cm−1 m 27 cm
   =25 cm

1-2 63 m 70 cm>51 m 28 cm이므로 A 빌딩이 더 높습니다.
⇨ 63 m 70 cm−51 m 28 cm
   =12 m 42 cm
따라서 A 빌딩이 12 m 42 cm 더 높습니다.

정답과 풀이

측정 영역

2-1 (나 나무의 높이)
　　 =10 m+1 m 25 cm=11 m 25 cm
　　 (다 나무의 높이)
　　 =11 m 25 cm+1 m 25 cm
　　 =12 m 50 cm

2-2 (파란색 탑의 높이)
　　 =15 m+2 m 30 cm=17 m 30 cm
　　 (노란색 탑의 높이)
　　 =17 m 30 cm+1 m 50 cm
　　 =18 m 80 cm

3-1 이은 막대의 전체 길이는 막대 2개의 길이의 합
　　 에서 겹쳐진 부분의 길이를 뺍니다.
　　 ⇨ (이은 막대의 전체 길이)
　　　 =1 m 50 cm+1 m 50 cm−15 cm
　　　 =3 m−15 cm=2 m 85 cm
　　　 =285 cm

3-2 (긴 잠자리채의 길이)
　　 =(처음 잠자리채의 길이)+(막대의 길이)
　　 　−(겹쳐진 부분의 길이)
　　 =1 m 65 cm+1 m 17 cm−32 cm
　　 =2 m 82 cm−32 cm
　　 =2 m 50 cm
　　 =250 cm

STEP 1 경시 대비 문제　　　　　　**78~79쪽**

[주제 학습 15] 14 cm

1 13 cm　　　　　　**2** 27 cm

[확인 문제] [한 번 더 확인]

1-1 ④　　　　　　**1-2** ②, ④

2-1 예 끈이나 색 테이프로 참치 캔의 둘레를 감
　　 은 후 만나는 부분에 표시합니다. 감았던
　　 끈이나 색 테이프를 펴서 길이를 잽니다.

2-2 9 cm

---

1 ㉠은 사각형 위쪽의 길이가 10 cm인 변과 마주
　 보는 변이므로 10 cm이고 ㉡은 사각형 왼쪽의
　 길이가 23 cm인 변과 마주 보는 변이므로 23 cm
　 입니다. 10<23이므로 ㉠<㉡입니다.
　 따라서 ㉡−㉠=23−10=13 (cm)입니다.

---

2 마주 보는 변의 길이가 같으므로 ㉠=15 cm,
　 ㉡=12 cm입니다.
　 따라서 ㉠+㉡=15+12=27 (cm)입니다.

[확인 문제] [한 번 더 확인]

1-1 변의 길이가 같은 부분은 다음과 같습니다. 따라
　　 서 만든 타일의 모양은 ④입니다.

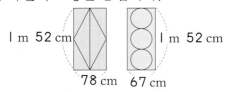

1-2 굵은 선으로 나타낸 부분이 서로 길이가 같은 부
　　 분입니다.

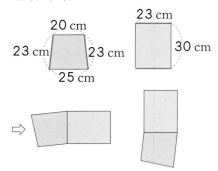

2-1 둥근 부분은 막대 자를 이용해서 잴 수 없습니
　　 다. 다음 그림과 같이 끈이나 색 테이프로 캔을
　　 감은 후 그 길이를 잽니다.

2-2 끈을 3번 감아야 하므로 필요한 끈의 길이는 둘
　　 레 길이의 3배입니다.
　　 (필요한 끈의 길이)=3+3+3=9 (cm)

STEP 1 경시 대비 문제　　　　　　**80~81쪽**

[주제 학습 16] 지욱, 준수

1 ②, ⑤

[확인 문제] [한 번 더 확인]

1-1 (1) 11시　(2) 13시 30분
1-2 (1) 20시　(2) 4시 30분
2-1 형　　　　　**2-2** 이상한 박사님

1 ① 8시 ② 15시 30분 ③ 11시 30분

④ 9시 30분 ⑤ 3시 30분

따라서 모형 시계에 나타낼 때 같은 시각은 ②, ⑤입니다.

[확인 문제] [한 번 더 확인]

1-1 (1) 시계가 가리키는 시각은 11시이고 해가 떠 있으므로 오전입니다.
따라서 오전 11시=11시입니다.
(2) 시계가 가리키는 시각은 1시 30분이고 해가 떠 있으므로 오후입니다.
따라서 오후 1시 30분=12시간+1시 30분 =13시 30분입니다.

1-2 (1) 시계가 가리키는 시각은 8시이고 창밖이 어두우므로 오후입니다.
따라서 오후 8시=12시간+8시=20시입니다.
(2) 시계가 가리키는 시각은 4시 30분이고 침대에서 잠을 자고 있으므로 오전입니다.
따라서 오전 4시 30분=4시 30분입니다.

2-1 동물 사전: 12시 40분−10시=2시간 40분
형: 17시 20분−15시 10분=2시간 10분
닥터스: 18시 50분−16시 25분=2시간 25분
따라서 2시간 40분>2시간 25분>2시간 10분이므로 상영 시간이 가장 짧은 영화는 '형'입니다.

2-2 이상한 박사님: 12시 47분−10시 5분
=2시간 42분
여름 왕국: 14시 53분−12시 15분
=2시간 38분
동물나라: 15시 42분−13시 7분
=2시간 35분
따라서 2시간 42분>2시간 38분>2시간 35분이므로 상영 시간이 가장 긴 영화는 '이상한 박사님'입니다.

STEP 2 도전! 경시 문제 82~87쪽

1 29 cm
2 예 그림과 같이 7 cm 자를 10 cm 자와 포개어 놓으면 3 cm를 잴 수 있습니다.

7 cm 3 cm
10 cm

3 26 cm   **4** 5배
5 55 cm   **6** 37 cm
7 12그루   **8** 780 cm
9 10 m   **10** (가), 42 cm
11 6 m 44 cm   **12** =
13 ㉡
14 예

10 cm
8 cm
13 cm
19 cm
15 cm
25 cm

15

75 cm
52 cm
26 cm

16 40 m 85 cm   **17** 나
18 6시간 18분
19 ( ) (○)   **20** 21시 30분
( ) ( )
21 지민, 1시간   **22** 23시 5분

---

1 색 테이프를 짧은 순서대로 쓰면 빨간색−파란색−노란색−연두색입니다.
따라서 가장 짧은 빨간색 테이프의 길이는 20 cm이므로 연두색 테이프의 길이는
20+3+3+3=29 (cm)입니다.

2 10 cm와 7 cm의 차를 이용하여 3 cm를 잴 수 있습니다.

3 종이테이프 3장의 길이를 모두 더하면 그림과 같이 이어 붙인 부분이 2번씩 더해지므로 한 번씩 뺍니다.

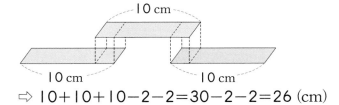

10 cm
10 cm   10 cm

⇒ 10+10+10−2−2=30−2−2=26 (cm)

다른 풀이

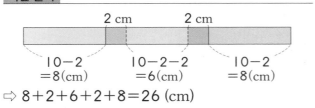

2 cm   2 cm

$10-2$
$=8(cm)$　$10-2-2$
$=6(cm)$　$10-2$
$=8(cm)$

⇨ $8+2+6+2+8=26$ (cm)

4 (막대의 길이)$=15+15+15+15=60$ (cm)
$60=12+12+12+12+12$이므로 막대의 길이는 현수의 한 뼘 길이의 5배입니다.

5 코끼리 인형: 분홍색 2칸, 하늘색 1칸
병아리 인형: 노란색 1칸, 분홍색 1칸,
　　　　　　 하늘색 1칸
강아지 인형: 하늘색 1칸, 분홍색 1칸,
　　　　　　 노란색 1칸
따라서 길이가 같은 두 인형은 병아리와 강아지 인형이고 두 인형의 길이는
$8+15+32=55$ (cm)입니다.

6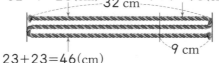

$32-9=23(cm)$　32 cm　$9+9=18(cm)$

9 cm

$23+23=46(cm)$

따라서 끈의 길이는 $46>23>18>9$이므로 가장 긴 끈의 길이는 46 cm, 가장 짧은 끈의 길이는 9 cm입니다.
⇨ $46-9=37$ (cm)

7 나무를 심어야 하는 지점은 시작점을 0 m라 하면 0 m, 2 m, 4 m, 6 m, 8 m, 10 m이므로 6군데입니다. 도로의 양쪽에 심어야 하므로 필요한 나무의 수는 $6×2=12$(그루)입니다.

8 나무 둘레를 2번 감은 길이에 매듭을 묶는 데 사용된 길이를 더합니다.
3 m 26 cm$+$3 m 26 cm$+$1 m 28 cm
$=$6 m 52 cm$+$1 m 28 cm
$=$7 m 80 cm
$=$780 cm

9 북문에서 남쪽에 있는 나무까지 50보, 남문에서 남쪽에 있는 나무까지 10보이므로 성벽의 한 변의 길이는 $50-10=40$(보)입니다.

따라서 4보는 25 cm$+$25 cm$+$25 cm$+$25 cm
$=$100 cm$=$1 m이므로 성벽 한 변의 길이인 40보는 10 m입니다.

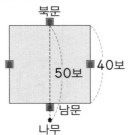

북문

50보　40보

남문

나무

10 ㈎와 ㈏의 가로의 길이에서 길이가 다른 부분은 분홍색 무늬 벽지 1개입니다. 분홍색 무늬 1개가 ㈎ 벽지는 긴 쪽이고 ㈏ 벽지는 짧은 쪽입니다.
따라서 ㈎ 벽지가
1 m 26 cm$-$84 cm$=$126 cm$-$84 cm
$=$42 cm 더 깁니다.

11 (탁자의 가로의 길이)
$=$1 m 20 cm$+$1 m 20 cm$-$38 cm
$=$2 m 40 cm$-$38 cm$=$2 m 2 cm
(탁자의 둘레)
$=$2 m 2 cm$+$1 m 20 cm$+$2 m 2 cm
　$+$1 m 20 cm
$=$6 m 44 cm

12 ㈎와 ㈏의 각 변의 길이를 알아보면 다음과 같으므로 둘레는 같습니다.

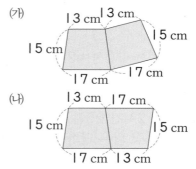

㈎　13 cm 13 cm
15 cm　　　　　15 cm
17 cm　 17 cm

㈏　13 cm 17 cm
15 cm　　　　　15 cm
17 cm 13 cm

13 ㉠은 변끼리 닿는 부분이 4개이고, ㉡은 3개이므로 ㉡의 둘레가 더 깁니다.

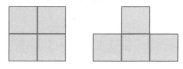

다른 풀이

㉠의 둘레는 3 cm인 변이 8개, ㉡의 둘레는 3 cm인 변이 10개 있습니다. 따라서 ㉡의 둘레가 더 깁니다.

14 두 도형에서 길이가 같은 변은 13 cm입니다. 따라서 맞닿아 있는 변이 13 cm이고 나머지 변들을 생각하여 길이에 맞게 그립니다.

15

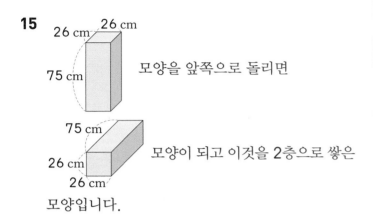

모양을 앞쪽으로 돌리면

모양이 되고 이것을 2층으로 쌓은 모양입니다.

16 삼각형 3개를 붙이면 다음과 같이 둘레가 8 m 17 cm짜리 변 5개와 길이가 같은 모양이 나옵니다.

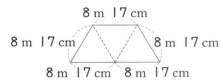

⇨ (도형의 둘레)=8 m 17 cm+8 m 17 cm
　　　　　　　+8 m 17 cm+8 m 17 cm
　　　　　　　+8 m 17 cm=40 m 85 cm

17 (가 도형의 둘레)
　=424 cm+424 cm+424 cm
　=4 m 24 cm+4 m 24 cm+4 m 24 cm
　=12 m 72 cm
　(나 도형의 둘레)
　=3 m 24 cm+3 m 24 cm+3 m 24 cm
　　+3 m 24 cm=12 m 96 cm
　따라서 만들 수 없는 도형은 나입니다.

18 15시 48분−9시 30분=6시간 18분

> **주의**
> 시는 시끼리 빼고 분은 분끼리 뺍니다. 시각과 시각 사이를 구하는 것이므로 답을 쓸 때는 시각이 아니라 '시간'으로 적어야 하는 점에 주의합니다.

19 모래시계를 두 번 뒤집어서 모래가 모두 내려왔으므로 30분이 지난 것입니다.
　⇨ 20시 16분+30분=20시 46분

20 먼저 출발한 시각을 시계에 나타낸 후 24시로 표현합니다.

도착한 시각　　　　　　　　　　출발한 시각
오전 7시　　　　　　　　　　　오후 9시 30분

따라서 집에서 출발한 시각은 오후 9시 30분
=12시간+9시 30분=21시 30분입니다.

21 지형이가 잔 시간:
22시 40분 → 24시 ─다음 날→ 6시 50분
　　　　1시간 20분　　　6시간 50분
⇨ 1시간 20분+6시간 50분=8시간 10분
지민이가 잔 시간:
21시 30분 → 24시 ─다음 날→ 6시 40분
　　　　2시간 30분　　　6시간 40분
⇨ 2시간 30분+6시간 40분=9시간 10분
따라서 지민이가 9시간 10분−8시간 10분
=1시간 더 잤습니다.

22 B 비행기가 하와이 공항에 도착한 시각은 7시 5분입니다. A 비행기의 비행 시간이 9시간이고 B 비행기는 그보다 30분 늦게 출발하고 30분 일찍 도착했으므로 B 비행기의 비행 시간은 8시간입니다. 따라서 오늘 오전 7시 5분의 8시간 전은 오후 11시 5분이므로 B 비행기의 출발 시각은 오후 11시 5분=12시간+11시 5분=23시 5분입니다.

STEP 3　코딩 유형 문제　　88~89쪽

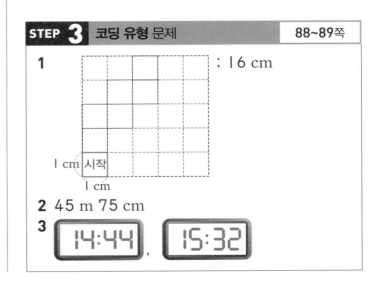

2 45 m 75 cm

3 14:44 , 15:32

1

굴린 횟수	시작	1번	2번	3번
주사위	(앞)	(앞)	(오른쪽)	(앞)
본뜬 모양				

굴린 횟수	4번	5번	6번
주사위	(오른쪽)	(앞)	
본뜬 모양			

따라서 본뜬 사각형이 7개일 때 도형의 둘레는 길이가 1 cm인 변이 16개 있으므로 16 cm입니다.

2 17 m 32 cm 앞으로 갔다가 8 m 17 cm 뒤로 가므로 2분 후 시작점과 로봇의 거리는
17 m 32 cm−8 m 17 cm=9 m 15 cm입니다. 따라서 10분 후 로봇의 위치는 시작점에서
9 m 15 cm+9 m 15 cm+9 m 15 cm
+9 m 15 cm+9 m 15 cm=45 m 75 cm
떨어져 있습니다.

3 (개) 시계가 7시에서 15시가 되었으므로 8시간이 흘렀습니다. 즉, (내) 시계는 2분×8=16분이 느려졌고, (대) 시계는 4분×8=32분이 빨라졌습니다.
따라서 (내) 시계는 15시에서 16분 전이므로 14시 44분을 나타내고, (대) 시계는 15시에서 32분 후이므로 15시 32분을 나타냅니다.

STEP 4 창의 영재 문제 90~93쪽

1 (개) 2, (내) 3, (대) 4, (래) 6
2 5 cm, 6 cm, 7 cm, 8 cm, 9 cm, 10 cm, 11 cm, 12 cm
3 3 m 93 cm **4** 51, 짧아야에 ○표
5 16 cm **6** 74 cm
7 영주, 1시간 30분 **8** 2관, 3관, 5관, 6관

1
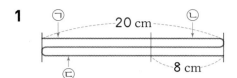

㉠=20−8=12 (cm), ㉡=8+8=16 (cm),
㉢=12+12=24 (cm)
사각형 (개)가 가장 작으므로 4×□=8에서 □=2,
사각형 (내)가 두 번째로 작으므로 4×□=12에서
□=3, 사각형 (대)가 세 번째로 작으므로
4×□=16에서 □=4, 사각형 (래)가 가장 크므로
4×□=24에서 □=6입니다.

2
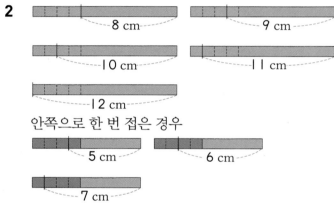

안쪽으로 한 번 접은 경우

따라서 잴 수 있는 길이는 5 cm, 6 cm, 7 cm, 8 cm, 9 cm, 10 cm, 11 cm, 12 cm입니다.

3
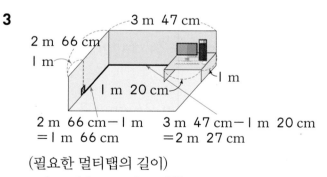

(필요한 멀티탭의 길이)
=1 m 66 cm+2 m 27 cm
=3 m 93 cm

4 (두 막대의 길이의 합)
=1 m 34 cm+1 m 47 cm
=2 m 81 cm
길이가 2 m 30 cm인 막대를 만들려면
2 m 81 cm−2 m 30 cm=51 cm를 겹치면 됩니다.

겹치는 길이가 51 cm보다 길어지면 전체 막대의 길이는 2 m 30 cm보다 짧아지고, 51 cm보다 짧아지면 전체 막대의 길이는 2 m 30 cm보다 길어집니다. 따라서 2 m 30 cm보다 긴 막대를 만들려면 겹쳐지는 부분의 길이는 51 cm보다 짧아야 합니다.

5

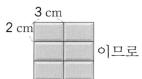

둘레가 가장 짧은 모양은   이므로

가로는 3 cm인 변이 2개이므로 3×2=6 (cm), 세로는 2 cm인 변이 3개이므로 2×3=6 (cm)입니다.
따라서 둘레는 6+6+6+6=24 (cm)입니다.
둘레가 가장 긴 모양은

2 cm ⌐3 cm⌐
[막대 모양] 이므로
세로는 2 cm, 가로는 3 cm인 변이 6개 있으므로 3×6=18 (cm)입니다.
따라서 둘레는 18+2+18+2=40 (cm)입니다.
➪ 둘레가 가장 긴 사각형과 가장 짧은 사각형의 둘레의 차는 40−24=16 (cm)입니다.

6 상자 한 개에 색 테이프를 두른 부분은 116 cm =1 m 16 cm인 모서리 4개이므로
(매듭 부분을 제외한 색 테이프의 길이)
=1 m 16 cm+1 m 16 cm+1 m 16 cm
  +1 m 16 cm
=4 m 64 cm
(왼쪽 상자에서 리본 모양 매듭 부분의 길이)
=5 m 12 cm−4 m 64 cm=48 cm
(오른쪽 상자에서 리본 모양 매듭 부분의 길이)
=4 m 90 cm−4 m 64 cm=26 cm
➪ (리본 모양 매듭 부분의 길이의 합)
    =48 cm+26 cm=74 cm

7 • 영주의 주문 시각: 12월 2일 14시,
  받은 시각: 12월 3일 17시
  (주문 후 장난감을 받기까지 걸린 시간)
  =12월 3일 17시−12월 2일 14시
  =24시간+3시간=27시간
• 지숙이의 주문 시각: 12월 5일 12시 30분,
  받은 시각: 12월 6일 14시

(주문 후 장난감을 받기까지 걸린 시간)
=12월 6일 14시−12월 5일 12시 30분
=24시간+1시간 30분=25시간 30분
따라서 영주가 27시간−25시간 30분=1시간 30분 더 걸렸습니다.

8 (영이가 학교에서 돌아오는 시각)=9시+4시간
                                    =13시
(아빠가 집에 오시는 시각)=13시+2시간 30분
                          =15시 30분
(영화관에 도착하는 시각)=15시 30분+20분
                          =15시 50분
또 8시(20시)까지는 집에 돌아가야 하므로 영화는 20시−20분=19시 40분 이전에 끝나야 합니다. 따라서 15시 50분 이후에 시작하고 19시 40분 이전에 끝나는 영화를 찾아보면 2관, 3관, 5관, 6관입니다.

영화관	시작 시각	상영 시간	끝나는 시각
1관	15:28	2시간 17분	17:45
2관	16:03	2시간 38분	18:41
3관	16:16	3시간	19:16
4관	17:14	2시간 35분	19:49
5관	17:27	2시간	19:27
6관	18:04	1시간 32분	19:36
7관	18:36	2시간 13분	20:49
8관	19:00	2시간 6분	21:06

특강 영재원·창의융합 문제   **94쪽**

9 [방법 1] 예

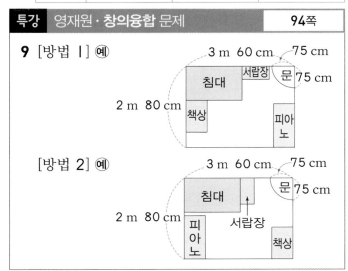

[방법 2] 예

9 m끼리 더해서 100 cm이거나 100 cm가 넘으면 1 m로 올려주는 것에 주의하고 위의 두 가지 방법 외에 다른 방법도 가능합니다.

V 확률과 통계 영역

STEP 1 경시 대비 문제   96~97쪽

[주제 학습 17] (가) 예 공을 사용하는 운동 / 볼링, 배구, 골프 (나) 예 공을 사용하지 않는 운동 / 태권도, 역도, 수영
1 예 옷의 길이

[확인 문제] [한 번 더 확인]

1-1

캔류	플라스틱류	종이류
①, ④, ⑧	③, ⑥	②, ⑤, ⑦

1-2

1층	2층	3층
우유, 바나나, 사과	공책, 연필, 색종이	양말

2-1 모임 2, 모임 1, 모임 2

2-2

색＼모양	(가) 원 모양	(가) 모양이 아닌 것
(나) 노란색	③, ⑥	④
(나)색이 아닌 것	⑤, ⑧	①, ②, ⑦

1

같은 모임에 묶인 옷을 살펴보면 한 모임은 짧은 팔, 짧은 바지, 짧은 치마이고 다른 한 모임은 긴 팔과 긴 바지입니다.
따라서 옷을 나눈 기준은 옷의 길이입니다.

[확인 문제] [한 번 더 확인]

1-1 캔류는 철이나 알루미늄으로 만들어진 것으로 ①, ④, ⑧입니다. 플라스틱류는 일회용 음료수 병으로 ③, ⑥입니다. 종이류는 ②, ⑤, ⑦입니다.

1-2 심부름 쪽지에 써 있는 물건을 옷류, 문구류, 음식류로 나누어 봅니다.
1층에 있는 물건은 음식류인 우유, 바나나, 사과입니다.

2층에 있는 물건은 문구류인 공책, 연필, 색종이입니다.
3층에 있는 물건은 옷류인 양말입니다.

2-1 모임 1의 공통점은 전기를 사용한다는 것이고, 모임 2의 공통점은 전기를 사용하지 않는다는 것입니다. 따라서 전기를 사용하지 않는 가위와 국자는 모임 2, 전기를 사용하는 냉장고는 모임 1입니다.

2-2 (가)에 들어가는 도형 ③, ⑤, ⑥의 공통점은 원 모양이므로 (가)에 들어갈 기준은 '원' 모양입니다.
(나)에 들어가는 도형 ③, ④, ⑥의 공통점은 노란색이므로 (나)에 들어가는 기준은 '노란색'입니다.
따라서 ⑦은 원 모양도 아니고 노란색도 아니므로 (가), (나) 모두 아닌 빈칸에 쓰고, ⑧은 원 모양이고 노란색은 아니므로 (가)이면서 (나)가 아닌 빈칸에 씁니다.

STEP 1 경시 대비 문제   98~99쪽

[주제 학습 18] 2, 3, 3, 8
1 3, 2, 1, 2, 8

[확인 문제] [한 번 더 확인]

1-1 3, 6, 5, 14
1-2 9, 7, 13, 11, 40
2-1 10, 3, 13
2-2 6, 7, 8, 21

1 봄(3, 4, 5월): 소희, 윤선, 윤석 ⇨ 3명
여름(6, 7, 8월): 보검, 솔희 ⇨ 2명
가을(9, 10, 11월): 지현 ⇨ 1명
겨울(12, 1, 2월): 신혜, 지민 ⇨ 2명
합계: 3+2+1+2=8(명)

[확인 문제] [한 번 더 확인]

1-1 학생들이 칠판에 쓴 장소는 박물관, 놀이공원, 스케이트장으로 모두 3군데입니다. 각 장소별로 학생 수를 세어 보면 박물관 3명, 놀이공원 6명, 스케이트장 5명입니다.

1-2 나라별로 붙임딱지의 수를 세어 보면 미국 9장,
일본 7장, 중국 13장, 태국 11장입니다.
⇨ (합계)=9+7+13+11
      =40(명)

2-1 삼각형 모양: 사각형 모양:

   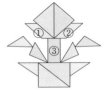

(10개)   (3개)
⇨ (합계)=10+3=13(개)

2-2 가장 위층부터 색깔별로 세어 보면 빨간색 6개,
초록색 7개, 노란색 8개입니다.
⇨ (합계)=6+7+8
      =21(개)

STEP 1 경시 **대비** 문제 　100~101쪽

[주제 학습 19] 모양별 도형의 개수

개수(개) \ 모양	원	사각형	삼각형
5			
4			/
3	/		/
2	/	/	/
1	/	/	/

1 색깔별 도형의 개수

개수(개) \ 색깔	노란색	빨간색	파란색
5			
4	○		
3	○	○	
2	○	○	○
1	○	○	○

[확인 문제] [한 번 더 확인]

1-1 들어간 고리의 개수

개수(개) \ 이름	승기	지원	원주	준기
5			○	
4			○	
3		○	○	○
2	○	○	○	○
1	○	○	○	

1-2 맞히지 못한 화살의 수

개수(개) \ 회	1회	2회	3회	4회
4				
3		×		×
2		×	×	×
1	×	×	×	×

2-1 (예) 가족 수별 학생 수

학생 수(명) \ 가족 수	3명	4명	5명	6명
5		○		
4		○		
3	○	○	○	
2	○	○	○	
1	○	○	○	○

2-2 제기차기 개수

이름	주희	채연	혜린	나율	합계
개수(개)	2	5	4	3	14

(예) 제기차기 개수

개수(개) \ 이름	주희	채연	혜린	나율
5		○		
4		○	○	
3		○	○	
2	○	○	○	
1	○	○	○	○

1 그래프에 각 색깔별 개수만큼 아래에서부터 위로 한 칸에 하나씩 ○를 그립니다.
노란색: ㉠, ㉢, ㉤, ㉧ ⇨ 4개, 빨간색: ㉡, ㉣, ㉺ ⇨ 3개, 파란색: ㉦, ㉥ ⇨ 2개

[확인 문제] [한 번 더 확인]

1-1 고리가 들어간 개수는 승기 2개, 지원 3개, 원주 5개, 준기 3개입니다. 개수에 맞게 아래에서부터 위로 한 칸에 하나씩 ○를 그려 그래프를 완성합니다.

1-2 5개의 화살 중에서 맞힌 개수를 빼어 그래프로 나타냅니다. 맞히지 못한 화살의 개수는
1회: 5−4=1(개), 2회: 5−2=3(개),
3회: 5−3=2(개), 4회: 5−2=3(개)입니다.

2-1 그래프에서 가로가 가족 수를 나타내므로 가로에 3명, 4명, 5명, 6명을 써넣고, 세로는 학생 수를 나타내므로 1명부터 5명까지 써넣습니다. 표에 나타난 학생 수만큼 아래에서부터 위로 한 칸에 하나씩 ○를 그려서 그래프를 완성합니다.

2-2 표에서 4명의 학생들이 찬 제기 수의 합이 14개이므로 채연이가 찬 제기 수는
14−(2+4+3)=5(개)입니다.

STEP 1 경시 대비 문제 102~103쪽

[주제 학습 20] 8일
1 치킨

[확인 문제] [한 번 더 확인]

1-1 ①, ③	**1-2** ②, ③
2-1 7명	**2-2** 6, 6

---

1 (치킨을 좋아하는 학생 수)
=(전체 학생 수)−{(짜장면을 좋아하는 학생 수)+(피자를 좋아하는 학생 수)+(햄버거를 좋아하는 학생 수)+(떡볶이를 좋아하는 학생 수)}
=30−(6+5+3+3)
=30−17=13(명)
따라서 가장 많은 학생들이 좋아하는 음식이 치킨이므로 간식으로 치킨을 주는 것이 가장 좋습니다.

[확인 문제] [한 번 더 확인]

1-1 ① (남학생 수)=4+1+7+9=21(명)
(여학생 수)=6+4+2+4=16(명)
따라서 남학생이 여학생보다 많습니다.
② 조사한 학생은 남학생 21명, 여학생 16명이므로 모두 21+16=37(명)입니다.
③ (봄을 좋아하는 학생 수)=4+6=10(명)
(여름을 좋아하는 학생 수)=1+4=5(명)
(가을을 좋아하는 학생 수)=7+2=9(명)
(겨울을 좋아하는 학생 수)=9+4=13(명)
따라서 두 번째로 많은 학생들이 좋아하는 계절은 봄입니다.

1-2 좋아하는 과일별 학생 수

학생 수(명) \ 과일	굴	포도	사과	바나나
5				○
4		○		○
3		○	○	○
2	○	○	○	○
1	○	○	○	○

① 포도를 좋아하는 학생이 사과를 좋아하는 학생보다 1명 많습니다.
② (조사한 학생 수)=2+4+3+5
=14(명)
③ 바나나를 좋아하는 학생은 5명으로 가장 많습니다.
④ 굴을 좋아하는 학생이 2명으로 가장 적지만 승미네 반 학생들이 굴을 싫어한다고 할 수는 없습니다.

2-1 아침 달리기에 참여한 횟수별 학생 수

횟수 \ 학생 수(명)	1	2	3	4	5	6	7
4번	○						
3번	○	○	○	○	○	○	
2번	○	○	○	○	○	○	○
1번	○	○	○	○			
0번	○	○					

(2번 참여한 학생 수)=20−(2+4+6+1)
=20−13=7(명)

2-2 (빨간색 또는 파란색을 좋아하는 학생 수)
＝(전체 학생 수)－(노란색을 좋아하는 학생 수)
　　－(초록색을 좋아하는 학생 수)
＝25－9－4
＝12(명)
빨간색과 파란색을 좋아하는 학생 수가 같으므로 빨간색과 파란색을 좋아하는 학생 수는 각각 6명입니다.

STEP 2 **도전! 경시 문제** `104~109쪽`

1 ⑩ 십의 자리 숫자가 같은 수

2 ㈎ ⑩ 단추의 색깔
　㈏ ⑩ 단추 구멍의 개수

3 ⑩ 눈의 개수

4 ⑩ 옷의 길이

5 수행평가 점수별 학생 수

점수	◎	○	□	△	합계
학생 수(명)	9	4	5	7	25

6 ⑩ | 모양별 도형 조각 수 |

모양	사각형	삼각형	원	합계
개수(개)	2	5	1	8

7 9월의 날씨별 날수

날씨	☀	☁	🌧	합계
날수(일)	16	7	7	30

; 🌧에 ○표

8 (위에서부터) 빨강, 빨강, 보라 ; 3

9 ⑩ 악보에서 음별 개수

음	도	레	미	솔	라	합계
개수(개)	1	2	6	11	4	24

10

점수(점) \ 이름	제희	솔희	선홍	민구
10	○			
9	○			○
8	○			○
7	○	○	○	○
6	○	○	○	○
5	○	○	○	○
4	○	○		○
3	○			○
2	○	○	○	○
1	○	○	○	○

; 제희

11 모둠별 점수

모둠 \ 점수(점)	2	4	6	8	10
1모둠	△	△			
2모둠	△	△			
3모둠	△	△	△		
4모둠	△	△	△		
5모둠	△	△			
6모둠	△	△	△	△	

; 6모둠

12 모둠별 붙임딱지 수

붙임딱지 수(장) \ 반	1모둠	2모둠
25		□
20	□	□
15	□	□
10	□	□
5	□	□

; 5장

13 9명　　**14** 3명　　**15** 6명

16 ⑩ ① 그래프 중간에 빈칸이 있습니다.
　② 그래프는 한 가지 모양으로 나타내어야 하는데 4가지 모양으로 나타냈습니다.

17 12명　　　　**18** 1반, 2반, 3반

1 네 개의 모임으로 분류하였고, 각 모임에 있는 수들의 공통점은 십의 자리 숫자가 같다는 것입니다. 따라서 수를 분류한 기준은 십의 자리 숫자에 따라 분류한 것입니다.

2 각 단추들이 가지고 있는 특징은 색깔, 구멍의 개수, 모양 등입니다.
단추의 색깔로 분류하면 ①, ②, ③번은 보라색, ④번은 연두색으로 분류됩니다.
단추 구멍의 개수로 분류하면 ①번만 구멍이 두 개인 모임으로 분류됩니다.

3 도깨비들은 뿔의 개수, 눈의 개수, 얼굴색이 다릅니다. 그중 첫 번째 모임에서 같은 점은 뿔의 개수가 하나라는 점과 눈이 하나라는 점입니다.
두 번째 모임에서 같은 점은 눈이 두 개라는 것입니다.
따라서 두 모임을 분류한 기준은 눈의 개수입니다.

4
민호   지훈   주혁   하빈   성호   윤호
왕궁에 입장한 민호, 지훈, 주혁이의 공통점을 살펴보면 안경, 모자는 공통점이 되지 못하고, 옷이 공통점이 될 수 있습니다. 민호, 지훈, 주혁이의 옷을 보면 모두 긴팔과 긴바지입니다.
따라서 왕궁에는 긴팔, 긴바지를 입은 사람만 들어갈 수 있습니다.

5 90점부터 100점까지: 90점, 90점, 91점, 100점, 98점, 91점, 90점, 100점, 92점
⇨ 9명
80점부터 89점까지: 87점, 85점, 85점, 85점
⇨ 4명
70점부터 79점까지: 75점, 73점, 79점, 70점, 76점 ⇨ 5명
0점부터 69점까지: 13점, 41점, 0점, 51점, 61점, 60점, 66점 ⇨ 7명
합계: 9+4+5+7=25(명)

6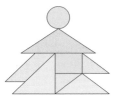
모양을 기준으로 정하면 도형 조각 모양은 사각형, 삼각형, 원 모양입니다. 사각형 모양은 2개, 삼각형 모양은 5개, 원 모양은 1개입니다.

> **참고**
>
> 이외에도 도형의 색깔 등 다른 기준으로 분류하여 표를 만들 수 있습니다.

7

일	월	화	수	목	금	토
					1 ☀	2 ☀
3 ☁	4 ☀	5 ☁	6 ☀	7 ☀	8 ☂	9 ☀
10 ☁	11 ☂	12 ☂	13 ☂	14 ☀	15 ☂	16 ☀
17 ☁	18 ☀	19 ☀	20 ☂	21 ☁	22 ☀	23 ☂
24	25 ☁	26 ☀	27 ☀	28 ☀	29 ☀	30 ☁

날씨별로 날수를 세어 보면 맑은 날은 16일, 흐린 날은 7일, 비 온 날은 6일입니다. 흐린 날과 비 온 날수가 같으므로 24일의 날씨는 ☂입니다.

8 (빨간색을 좋아하는 학생 수)=12−(3+5+1)
=3(명)
자료가 지워진 재하, 미경, 찬미 중에서 재하는 미경이와 같은 색을 좋아하므로 빨간색을 좋아합니다. 표에 보라색을 좋아하는 학생이 1명뿐이므로 찬미는 보라색을 좋아합니다.

9
악보에 나오는 음은 도, 레, 미, 솔, 라 5가지입니다. 각 음별로 나오는 개수를 세어 보면 도 1개, 레 2개, 미 6개, 솔 11개, 라 4개입니다.

10 노란색은 1점, 초록색은 2점, 빨간색은 3점입니다.

제희: 빨간색 3개, 노란색 1개

　　⇨ $3 \times 3 = 9$, $1 \times 1 = 1$ ⇨ $9 + 1 = 10$(점)

솔희: 빨간색 1개, 초록색 1개, 노란색 2개

　　⇨ $3 \times 1 = 3$, $2 \times 1 = 2$, $1 \times 2 = 2$

　　⇨ $3 + 2 + 2 = 7$(점)

선홍: 빨간색 1개, 초록색 1개, 노란색 2개

　　⇨ $3 \times 1 = 3$, $2 \times 1 = 2$, $1 \times 2 = 2$

　　⇨ $3 + 2 + 2 = 7$(점)

민구: 빨간색 2개, 초록색 1개, 노란색 1개

　　⇨ $3 \times 2 = 6$, $2 \times 1 = 2$, $1 \times 1 = 1$

　　⇨ $6 + 2 + 1 = 9$(점)

네 명의 점수를 그래프에 나타내면 제희 10칸, 솔희 7칸, 선홍 7칸, 민구 9칸이므로 제희가 1등입니다.

11 각 모둠별 점수를 알아봅니다.

1모둠: ☀ 1개, ☁ 2개, ☂ 2개

　　　 ⇨ $2 \times 1 = 2$, $1 \times 2 = 2$ ⇨ $2 + 2 = 4$(점)

2모둠: ☁ 4개, ☂ 1개 ⇨ $1 \times 4 = 4$(점)

3모둠: ☀ 3개, ☂ 2개 ⇨ $2 \times 3 = 6$(점)

4모둠: ☀ 2개, ☁ 2개, ☂ 1개

　　　 ⇨ $2 \times 2 = 4$, $1 \times 2 = 2$ ⇨ $4 + 2 = 6$(점)

5모둠: ☀ 1개, ☁ 2개, ☂ 2개

　　　 ⇨ $2 \times 1 = 2$, $1 \times 2 = 2$ ⇨ $2 + 2 = 4$(점)

6모둠: ☀ 3개, ☁ 2개

　　　 ⇨ $2 \times 3 = 6$, $1 \times 2 = 2$ ⇨ $6 + 2 = 8$(점)

그래프의 세로 한 칸이 2점이므로 각 모둠의 세로 칸 수는 1모둠 2칸, 2모둠 2칸, 3모둠 3칸, 4모둠 3칸, 5모둠 2칸, 6모둠 4칸입니다. 따라서 지난주에 칭찬 점수가 가장 높은 모둠은 6모둠입니다.

12

모둠 책 수(권)	1모둠	2모둠
1권	5명	3명
2권 또는 3권	6명	5명
3권보다 많이	1명	4명

(1모둠의 붙임딱지 수)

⇨ $1 \times 5 = 5$, $2 \times 6 = 12$, $3 \times 1 = 3$

⇨ $5 + 12 + 3 = 20$(장)

(2모둠의 붙임딱지 수)

⇨ $1 \times 3 = 3$, $2 \times 5 = 10$, $3 \times 4 = 12$

⇨ $3 + 10 + 12 = 25$(장)

세로 한 칸이 5장을 나타내는 그래프에 나타내면 1모둠은 4칸, 2모둠은 5칸입니다. 따라서 1모둠과 2모둠의 붙임딱지 수의 차는 세로 한 칸이므로 5장입니다.

13 혈액형은 한 사람이 동시에 두 가지를 가질 수 없으므로 혈액형별 학생 수의 합이 성민이네 반 전체 학생 수입니다.

(성민이네 반 전체 학생 수)$= 11 + 3 + 8 + 1$

　　　　　　　　　　　　 $= 23$(명)

⇨ (여학생 수)=(전체 학생 수)$-$(남학생 수)

　　　　　　 $= 23 - 14 = 9$(명)

14 (빨간색을 좋아하는 학생 수)

$= 22 -$(파란색을 좋아하는 학생 수)

　　 $-$(노란색을 좋아하는 학생 수)

　　 $-$(초록색을 좋아하는 학생 수)

$= 22 - 5 - 6 - 7 = 4$(명)

(소설책과 만화책을 좋아하는 학생 수의 합)

$= 22 -$(역사책을 좋아하는 학생 수)

　　 $-$(과학책을 좋아하는 학생 수)

$= 22 - 3 - 5 = 14$(명)

소설책과 만화책을 좋아하는 학생 수가 같으므로 각각 7명씩입니다.

⇨ (만화책을 좋아하는 학생 수)

　　 $-$(빨간색을 좋아하는 학생 수)

　　 $= 7 - 4 = 3$(명)

15 (탄산음료와 이온 음료를 좋아하는 학생 수의 합)

$= 26 - 8 = 18$(명)

이온 음료를 좋아하는 학생 수를 □명이라 하면 탄산음료를 좋아하는 학생 수는 (□+□)명입니다.

□+□+□$= 18$이므로 □$= 6$입니다.

따라서 이온 음료를 좋아하는 학생 수는 6명입니다.

17 주문한 사람 수를 나타내는 세로가 3, 6, 9……이므로 세로 한 칸은 3명을 나타냅니다. 가장 많이 주문한 음식은 중식으로 18명이고 가장 적게 주문한 음식은 일식으로 6명입니다.

⇨ $18 - 6 = 12$(명)

18 등수별 반을 나타낸 표를 보면
1반은 6등, 8등이므로 4+2=6(점),
2반은 7등, 9등이므로 3+1=4(점),
3반은 4등, 5등이므로 6+5=11(점)입니다.
반별 점수를 나타낸 그래프를 보면 1반 15점,
2반 12점, 3반 18점이므로 모자라는 점수는
1반 15−6=9(점), 2반 12−4=8(점), 3반
18−11=7(점)입니다.
따라서 1등은 1반, 2등은 2반, 3등은 3반입니다.

STEP 3 코딩 유형 문제 110~111쪽

1 예 원 모양이고 구멍이 4개인 버튼입니다.

2 예

바퀴 수	2개	4개	6개	합계
대수(대)	3	5	7	15

3

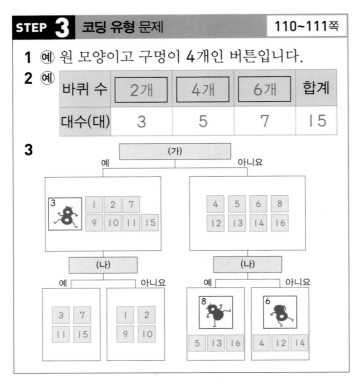

1 (나) 기준의 버튼인 ②, ④, ⑤, ⑥의 공통점은 무늬가 2개인 버튼입니다. (가) 기준의 버튼인 ①, ③, ⑤, ⑥의 공통점은 원 모양인 버튼입니다. 그중 (가)의 색칠한 부분의 버튼인 ①, ③의 공통점은 원 모양이고 구멍이 4개인 버튼입니다.

2 바퀴 수를 기준으로 2개, 4개, 6개인 것으로 나눕니다. 바퀴 수가 2개인 것은 오토바이, 4개인 것은 자가용, 택배 승합차, 6개인 것은 버스, 트럭입니다.

3 8번, 6번과 3번 카드는 구멍 개수가 다릅니다. 따라서 (가)에 들어갈 기준은 '구멍이 두 개입니까?'입니다. 구멍이 한 개인 것 중에 8번과 6번의 차이는 머리 털입니다. 따라서 (나)에 들어갈 기준은 '머리 털이 있습니까?'입니다.

STEP 4 창의 영재 문제 112~115쪽

1 예 가요·팝은 도서가 아니므로 잘못 분류되었습니다.

2 생일에 받고 싶은 선물

학생 수(명)/종류	문구류	게임기	과자	옷, 신발	전자 기기
7		○			○
6		○			○
5		○			○
4		○		○	○
3	○	○		○	○
2	○	○		○	○
1	○	○	○	○	○

3 3, 6, 1, 3, 2, 1, 16

4 27, 33, 40, 44, 51, 54, 58
예 주말에 손님이 가장 많습니다.
월요일에 손님이 가장 적고 월요일부터 일요일까지 손님 수가 점점 늘어납니다.

5 학생별 게임 점수

점수(점)	1	2	3	4	5	6	7	8	9	10	11	12
혜린	○	○	○	○	○	○	○	○	○	○		
나율	○	○	○	○	○							
채연	○	○	○	○	○	○	○	○	○	○	○	○

; 채연

6 146시간

7 좋아하는 빵별 학생 수

학생 수(명)/빵 종류	소보루	크림	피자	단팥	치즈	슈크림
5			○			
4			○			
3		○△	○	△		
2		△	○	△	○△	△
1	○	△	○	△	○△	○△

; 피자 빵

8 12권

2 생일에 받고 싶은 선물의 종류는 문구류, 게임기, 전자 기기, 과자, 의류 5가지이므로 그래프의 가로의 빈칸에 전자 기기를 써넣으면 됩니다.

과자를 받고 싶어 하는 학생은 민희 한 명밖에 없으므로 과자에 ○ 한 개만 표시하면 됩니다.

조사한 학생은 22명이므로

(게임기나 전자 기기를 받고 싶어 하는 학생 수)

$=22-(3+1+4)=22-8=14$(명)입니다.

게임기와 전자 기기를 받고 싶어 하는 학생 수가 같으므로 14명을 똑같이 둘로 나누면 7명씩입니다.

3 주사위 눈의 수의 차가

0인 경우: ③, ⑦, ⑯ ⇨ 3번

1인 경우: ②, ⑤, ⑥, ⑩, ⑪, ⑫ ⇨ 6번

2인 경우: ⑨ ⇨ 1번

3인 경우: ④, ⑧, ⑬ ⇨ 3번

4인 경우: ⑭, ⑮ ⇨ 2번

5인 경우: ① ⇨ 1번

4 자료를 각 요일별로 분류합니다. 월요일에 온 손님은 2일, 9일에 온 손님 수를 모두 더하면 15+12=27(명)입니다. 이와 같이 모든 요일의 손님 수를 구하여 보면 주말에 손님이 가장 많다는 것을 알 수 있습니다. 또 월요일에 손님이 가장 적고 월요일부터 일요일까지 손님의 수가 점점 늘어납니다.

5 각 회마다 학생들이 얻은 점수를 표로 나타냅니다.

학생별 게임 점수

이름＼회	1	2	3	4	5	합계
혜린	3	2	2	1	2	10
나율	1	3	1	2	1	8
채연	2	1	3	3	3	12

따라서 1등은 채연입니다.

6 표에서 합계가 26이므로 성윤이네 반 학생들은 26명입니다.

이 중에서 동아리 활동에 6시간 참가한 학생 수는 26명에서 나머지 시간 동안 참가한 학생 수를 빼면 되므로 26-(2+8+7)=9(명)입니다.

2시간 동안 참가한 학생은 2명이므로 2명이 모두 2×2=4(시간) 동안 참가하였습니다.

4시간 동안 참가한 학생은 8명이므로 8명이 모두 4×8=32(시간) 동안 참가하였습니다.

6시간 동안 참가한 학생은 9명이므로 9명이 모두 6×9=54(시간) 동안 참가하였습니다.

8시간 동안 참가한 학생은 7명이므로 7명이 모두 8×7=56(시간) 동안 참가하였습니다.

따라서 성윤이네 반 학생들이 한 달 동안 참가한 동아리 활동 전체 시간은

4+32+54+56=146(시간)입니다.

7 피자 빵을 좋아하는 남학생 수는

12-(2+3+1+2+1)=3(명)이고

여학생 수는 12-(1+3+1+1+1)=5(명)입니다.

그래프를 보면 여학생과 남학생의 칸 수가 가장 많이 차이가 나는 빵은 피자 빵입니다.

8 학생별 읽은 책의 수를 나타내는 세로의 칸 수는 준수 3칸, 준형 6칸, 현수 7칸, 정훈 4칸입니다.

⇨ (전체 칸의 수)=3+6+7+4=20(칸)

세로 한 칸의 크기가 2권이면 40권, 3권이면 60권, 4권이면 80권이므로 세로 한 칸의 크기는 4권입니다.

따라서 준수가 한 달 동안 읽은 책은

4×3=12(권)입니다.

특강	영재원·창의융합 문제	116쪽

9 29건

10 예 ① 가벼운 상처가 난 학생을 위해 1회용 밴드를 많이 준비합니다.

② 강당 시설을 안전하게 사용하도록 알려 줍니다.

③ 학교 모래 운동장을 잔디로 바꿉니다.

④ 강당에서 위험한 물건을 치웁니다.

9 장소별 또는 상처 종류별 학생 수의 합을 구합니다.

⇨ 5+3+7+6+8=29(건)

10 표를 보면 안전사고가 가장 많이 일어나는 장소는 강당이고 그 다음 놀이터와 교실입니다. 그래프를 보면 상처 종류 중에는 가벼운 상처가 많이 있다는 것을 알 수 있습니다.

VI 규칙성 영역

STEP 1 경시 대비 문제 118~119쪽

[주제 학습 21] 35
1 24

[확인 문제] [한 번 더 확인]

1-1

22	25	28	
24	27		
	29	32	35

1-2

×	1	2	4	8
4		8	16	32
6	6	12		48
8	8	16	32	

2-1 14   **2-2** 64
3-1 21과 28에 색칠
3-2 25에 색칠

1 덧셈표에서 아래로 한 칸씩 내려갈수록 1씩 커지는 규칙입니다.

+	1	2	3	4	5
1	2	3	4	5	6
2	3	4		㉣	
3	4		㉢		
4		㉡			
5	㉠				

㉠, ㉡, ㉢은 4에서 아래로 2칸 내려간 곳이므로 4+2=6이고 ㉣은 5에서 한 칸 내려간 곳이므로 5+1=6입니다. 따라서 분홍색으로 색칠된 4칸에 알맞은 수는 모두 6이므로 더하면 6+6+6+6=24입니다.

[확인 문제] [한 번 더 확인]

1-1

22	25	28	
㉠	27		
	29	㉡	㉢

첫 번째 가로줄에서 22, 25, 28이므로 오른쪽으로 한 칸 갈 때마다 3씩 커지는 규칙입니다. 왼쪽에서 두 번째 세로줄에서 25, 27, 29이므로 아래로 한 칸 갈 때마다 2씩 커지는 규칙입니다.
㉠=22+2=24, ㉡=28+2+2=32, ㉢=29+3+3=35

1-2

×	1	2	4	㉠
4		8	16	32
㉡	6	㉢		48
8	8	16	㉣	

4×㉠=32에서 ㉠=8입니다.
㉡×1=6에서 ㉡=6입니다.
㉡×2=㉢, ㉢=6×2=12입니다.
㉣=8×4=32입니다.

2-1 각 칸의 수는 바로 위의 두 칸의 수를 더하는 규칙입니다. 따라서 ●에 알맞은 수는 바로 위의 수 3과 1을 더한 4이고 ★에 알맞은 수는 바로 위의 6과 ●(4)를 더한 10입니다.
⇨ ●+★=4+10=14

2-2

1	2	2	1
	2	4	㉡
		8	㉢
		㉠	

바로 위의 두 칸의 수를 곱하면 아래 칸의 수가 되는 규칙입니다.
따라서 ㉡=2×1=2, ㉢=4×2=8이므로 ㉠=8×8=64입니다.

3-1 색칠된 수는 1, 3, 6, 10, 15입니다.

1 3 6 10 15
 +2 +3 +4 +5

로 더해지는 수가 1씩 커지는 규칙입니다. 따라서 규칙에 맞게 색칠할 나머지 수는 15+6=21, 21+7=28입니다.

3-2 색칠된 수는 1, 4, 9, 16입니다.
1=1×1, 4=2×2, 9=3×3, 16=4×4이므로 규칙에 맞게 색칠할 나머지 수는 5×5=25입니다.

STEP **1** 경시 대비 문제 · 120~121쪽

[주제 학습 22]

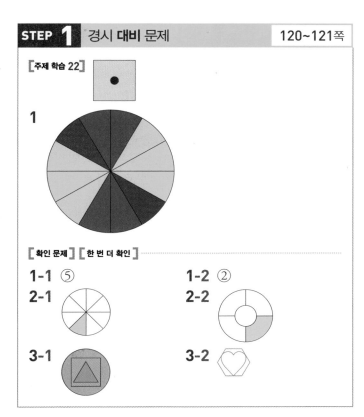

1

[확인 문제] [한 번 더 확인]

1-1 ⑤ **1-2** ②

2-1 **2-2**

3-1 **3-2**

---

1 문제의 왼쪽에 있는 원은 빨간색부터 시작하여 시계 방향으로 빨간색─파란색 ─파란색─노란색─노란색 ─노란색이 반복되는 규칙 입니다. 각 칸에 오른쪽과 같이 번호를 붙여서 알아보면 다음과 같습니다.

① 12번에 파란색을 색칠하면 규칙에 따라 2, 3, 4번은 노란색이고 5번은 빨간색입니다. 빨간색 다음에는 파란색이 두 번 오기 때문에 6, 7번이 파란색이고 8번은 노란색이어야 하는데 8번에 파란색이 색칠되어 있으므로 규 칙에 맞지 않습니다.

② 2번에 파란색을 색칠하면 3, 4, 5번은 노란 색, 6번은 빨간색입니다. 7, 8번은 파란색, 9, 10, 11번은 노란색, 12번은 빨간색을 색칠하면 규칙에 맞습니다.

[확인 문제] [한 번 더 확인]

1-1 도형의 모양, 색깔, 도형 안의 숫자별로 나누어 규칙을 찾습니다.
도형 모양의 규칙을 찾아보면 사각형, 원, 삼각 형, 별 모양이 반복됩니다.

도형의 색깔의 규칙을 찾아보면 하늘색과 분홍 색이 반복되고 도형 안의 숫자의 규칙을 찾아보 면 1, 3, 2가 반복됩니다.
따라서 12번째 도형의 모양은 별 모양이고 색 깔은 분홍색, 숫자는 2이므로 ⑤입니다.

1-2 도형의 모양, 색깔, 도형 안의 숫자별로 나누어 규칙을 찾습니다.
도형의 모양의 규칙을 찾아보면 ▱, ⬭, ◯
모양이 반복됩니다.
도형의 색깔의 규칙을 찾아보면 연두색─분홍 색─하늘색이 반복되고 도형 안의 숫자의 규칙 을 찾아보면 3, 6이 반복됩니다.

따라서 11번째 도형의 모양은 ⬭ , 색깔은 분

홍색, 도형 안의 숫자는 3이므로 ②입니다.

2-1 색칠된 부분이 시계 방향으로 두 칸씩 움직이는 규칙입니다. 빨간색─하늘색─□─빨간색─하 늘색─노란색─빨간색이므로 빨간색, 하늘색, 노란색이 반복되는 규칙입니다.
따라서 3번째 모양은 2번째 모양에서 시계 방향

으로 2칸 간 곳에 노란색을 색칠한 입니다.

2-2 안쪽 원은 노란색과 흰색이 반복되어 나타납니 다. 바깥쪽 원은 노란색이 시계 방향으로 한 칸 씩 움직이는 규칙입니다.

따라서 여섯 번째 모양은 입니다.

3-1 하늘색 사각형을 1, 연두색 삼각형을 2, 주황색 원을 3이라 하고 크기 순서대로 번호를 쓰면 첫 번째 그림은 123, 두 번째 그림은 231, 세 번 째 그림은 312입니다. 이와 같은 규칙으로 빈 칸에 알맞은 도형은 312이므로 가장 바깥에 주 황색 원, 가운데에 하늘색 사각형, 가장 안쪽에 초록색 삼각형입니다.

3-2 앞에서부터 세 개씩 묶어 보면 □ ◯ ⬡은 1번 째 도형 안에 2번째 도형이 들어간 모양이 3번 째 모양임을 알 수 있습니다. 따라서 9번째 모양 은 7번째 도형인 ⬡ 안에 8번째 도형인 ♡이 들어간 ⬡입니다.

STEP 1 경시 대비 문제 122~123쪽

[주제 학습 23] | 6개

1 2 | 개   **2** | 3개

[확인 문제] [한 번 더 확인]

1-1 | 0개, 25개   **1-2** | 3개, 4개

2-1

2-2 | 6개

3-1 5개   **3-2** | | 개

---

1 쌓기나무의 수는 | 개, 3개, 6개……로 2개, 3개……씩 늘어나는 규칙입니다. 따라서 6번째 모양을 쌓기 위해 필요한 쌓기나무는 모두 | +2+3+4+5+6=2 | (개)입니다.

2 쌓기나무가 오른쪽에 | 개, 왼쪽에 | 개, 위층에 | 개씩 늘어나는 규칙입니다. 따라서 5번째 모양을 쌓기 위해 필요한 쌓기나무는 모두 | +3+3+3+3= | 3(개)입니다.

[확인 문제] [한 번 더 확인]

1-1 한 층 내려갈 때마다 사각형은 2개씩 늘어나고, 삼각형은 한 층에 2개씩 사용되는 규칙입니다.
따라서 사각형은 2층에 5+2=7(개), | 층에 7+2=9(개)입니다.
⇨ (사각형의 수)= | +3+5+7+9=25(개),
(삼각형의 수)=2+2+2+2+2= | 0(개)

1-2 규칙에 맞게 빈칸을 모두 채우면 다음과 같습니다.

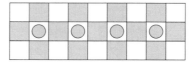

따라서 사각형은 | 3개, 원은 4개입니다.

2-1 규칙을 찾아보면 (파란색―빨간색)―(파란색―빨간색―빨간색)―(파란색―빨간색―빨간색―빨간색)―(파란색―빨간색―빨간색―……)과 같이 파란색은 | 개, 빨간색은 | 개, 2개, 3개……씩 늘어나는 규칙입니다.
따라서 빈칸에 알맞은 색은 순서대로 빨간색, 빨간색, 파란색, 빨간색, 빨간색입니다.

2-2 첫 번째에 | 개, 두 번째에 2×2=4(개), 세 번째에 3×3=9(개)입니다.
따라서 네 번째 모양을 만들기 위해 필요한 🎲 모형은 4×4= | 6(개)입니다.

3-1 | 층, 3층은 5개, 2층, 4층은 6개이므로 홀수 층은 5개, 짝수 층은 6개를 쌓는 규칙입니다.
따라서 | | 층은 홀수 층이므로 | | 층의 쌓기나무는 5개입니다.

3-2 | 0층에 2개, 9층에 3개, 8층에 4개……로 아래로 내려갈수록 쌓기나무가 | 개씩 늘어납니다.

층	10	9	8	7	6	5	4	3	2	1
쌓기나무 수(개)	2	3	4	5	6	7	8	9	10	11

STEP 1 경시 대비 문제 124~125쪽

[주제 학습 24] 빨간색

1

[확인 문제] [한 번 더 확인]

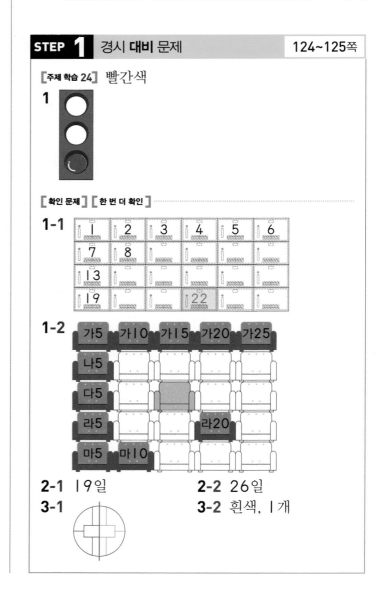

1-1

1-2

2-1 | 9일   **2-2** 26일

3-1   **3-2** 흰색, | 개

1 신호등의 색깔은 빨간색-노란색-초록색이 반복됩니다. 따라서 12번째 신호는 초록색입니다.

[확인 문제] [한 번 더 확인]

1-1 오른쪽으로 한 칸 갈 때마다 1씩, 아래로 한 칸 내려갈 때마다 6씩 커지는 규칙입니다. 19에서 오른쪽으로 한 칸 가면 19+1=20이고 20에서 오른쪽으로 2칸 가면 20+1+1=22입니다.
따라서 22번인 지섭이의 사물함은 넷째 줄, 넷째 칸입니다.

1-2 오른쪽으로 한 칸 갈 때마다 5씩 커지고, 아래로 한 칸 내려갈 때마다 가, 나, 다……와 같이 한글 순서대로 적혀 있는 규칙입니다.
따라서 다15는 셋째 줄, 셋째 칸입니다.

2-1 달력에서 같은 요일의 날짜는 7일씩 커지는 규칙이 있습니다.
따라서 첫 번째 금요일은 5일이므로 세 번째 금요일은 5+7+7=19(일)입니다.

2-2

일	월	화	수	목	금	토
				1	2	3
4	5	6	7	8	9	10
11	12	13	14	15	16	17
18	19	20	21	22	23	24
25	26	27	28	29	30	31

빨간색 선 위에 있는 날짜들은 2, 8, 14로 6씩 커지는 규칙입니다. 따라서 ★에 알맞은 날짜는 14+6+6=26(일)입니다.

3-1 전통 문양의 규칙은 빨간색 선의 왼쪽 모양과 같은 모양을 오른쪽으로 뒤집어 붙인 것입니다.
따라서 빨간색 선 왼쪽의 그림을 오른쪽으로 뒤집은 모양을 그립니다.

3-2 규칙에 따라 타일을 모두 붙인 후 개수를 세어 봅니다.

검은색 타일은 27개, 흰색 타일은 28개이므로 흰색 타일이 28-27=1(개) 더 많습니다.

STEP 2 도전! 경시 문제   126~131쪽

1 13

2 10, 12, 14, 16, 18

3 (위에서부터) 3; 4, 6, 4

4

1	2	4
46	56	7
37	67	11
29	22	16

5

1			
2	2		
3	4	3	
4	6	6	4
5	8	9	8
6	10	12	12

6 17

7 24

8 49, 65

9 검은색

10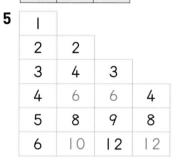

11 ①

12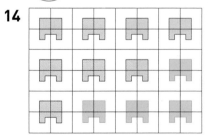

13 ①, ③

14

15 (위에서부터) 사과, 바나나, 귤, 딸기, 수박

16 3개

17

18 32개

19 12개, 9개

20 13개

21

22 1일

23 빨간색, 문제집

24 밥, 미역국, 고기, 생선, 달걀

1

+	l	2	㉡	●
l	2	3	4	5	6
2		4	5		
3					
㉠	5				★
5		7			

l+●=6이므로 ●=5입니다.
㉠+l=5이므로 ㉠=4이고
l+㉡=5이므로 ㉡=4입니다.
따라서 ★=4+4=8입니다.
⇨ ●+★=5+8=13

2

+	2	①	②	8	③
④	4		8		l2
4	6	8		l2	l4
			l0		
8					

4+①=8이므로 ①=4, 4+③=14이므로
③=10, ④+③=12, ④+10=12이므로
④=2, 2+②=8이므로 ②=6입니다.
따라서 노란색으로 색칠된 부분은 왼쪽에서부터
8+2=10, 8+4=12, 8+6=14,
8+8=16, 8+10=18입니다.

3 삼각형에서 각 원 안의 수는 바로 위에 있는 두 원
안의 수를 더한 것입니다.

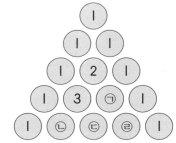

따라서 ㉠=2+1=3, ㉡=1+3=4,
㉢=3+3=6, ㉣=3+1=4입니다.

4

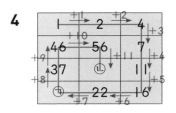

수가 쓰인 규칙을 찾기 위해 작은 수부터 큰 수까
지 선으로 이어 보면 다음과 같이 배열됩니다.

l　2　4　7　ll ······
　+l　+2　+3　+4

로 커지는 수가 l씩 늘어납니다.
따라서 ㉠=22+7=29, ㉡=56+11=67입
니다.

5 왼쪽 첫째 세로줄은 l의 단 곱셈구구, 둘째 세로
줄은 2의 단 곱셈구구, 셋째 세로줄은 3의 단 곱
셈구구, 넷째 세로줄은 4의 단 곱셈구구입니다.
위와 같은 규칙에 따라 빈칸에 알맞은 수는
2×3=6, 2×5=10, 3×2=6, 4×3=12입
니다.

6

㉮	㉯	㉰
3	2	6
4	5	0
7	2	4
3	9	7
4	9	㉠
2	8	㉡
5	5	㉢

3×2=6 ⇨ 6
4×5=20 ⇨ 0
7×2=14 ⇨ 4
3×9=27 ⇨ 7이므로
㉮×㉯의 일의 자리 숫
자를 ㉰에 쓴 것입니다.
따라서 4×9=36이므
로 ㉠=6, 2×8=16이
므로 ㉡=6, 5×5=25
이므로 ㉢=5입니다.

⇨ 6+6+5=17

7

2	4	6	8
4	8	l2	l6
①	②	24	32

굵은 선 안의 수를 보면 윗줄은 2의 단 곱셈구구
이고, 아랫줄은 4의 단 곱셈구구입니다.
따라서 ①×3=24, ①×4=32에서 ①=8이
고, ②=8×2=16입니다.
⇨ ①+②=8+16=24

8 왼쪽의 수 배열표는 오른쪽으로 한 칸씩 갈 때마
다 2씩 커지고 아래쪽으로 한 칸씩 갈 때마다 6씩
커집니다. 따라서 가는 79에서 위로 5칸 올라간
곳이므로 79-6-6-6-6-6=49이고 나는
79에서 위로 3칸, 오른쪽으로 2칸 간 곳이므로
79-6-6-6+2+2=65입니다.

---

9 바둑돌을 앞에서부터 5개씩 묶어 보면
●○○○● / ●○○○● / ●○○□……이므
로 ●○○○●이 2번 반복되고 ●○○ 다음에
올 바둑돌은 ●입니다.

10

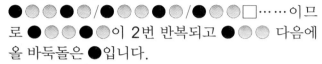

따라서 빈 곳에 들어갈 음표는 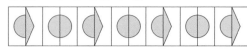 입
니다.

11 공 모양 개수의 규칙을 찾아보면 2개, 1개가 반
복되고 색깔이 바뀌는 규칙을 살펴보면 빨간색,
파란색, 보라색이 반복됩니다.
따라서 10번째 모양은 공 모양의 수는 1개이고
색깔은 빨간색입니다.

12 별 모양은 시계 방향으로 한 칸씩 움직이는 규칙
이고, 색칠된 부분은 시계 반대 방향으로 한 칸씩
움직이는 규칙입니다.

따라서 빈칸에 알맞은 그림은 에서 별 모양
은 시계 방향으로 한 칸, 색칠된 부분은 시계 반대

방향으로 한 칸 움직인 입니다.

14 첫 번째 가로줄은 와 이 반복되고 두 번째
가로줄은 와 가 반복되는 규칙입니다.

15 가로줄을 보면 첫 번째 줄은 사과, 두 번째 줄은
사과-바나나, 세 번째 줄은 사과-귤, 네 번째
줄은 사과-딸기, 다섯 번째 줄은 사과-수박이
반복되는 규칙입니다.

16 모양이 반복됩니다. 따라서 규칙에

따라 빈칸에 모양을 모두 그리면 다음과 같으므로
원 모양은 모두 3개입니다.

17 빨간색 4개와 파란색 1개, 파란색 4개와 빨간색
1개가 반복되고 색이 다른 쌓기나무의 위치는 위
에서부터 한 칸씩 내려가는 규칙이 있습니다.
따라서 쌓기나무는 빨간색 4개, 파란색 1개이고
가장 아래 쌓기나무가 파란색입니다.

18 쌓기나무 수를 표로 나타나면 다음과 같습니다.

순서	1번째	2번째	3번째	4번째	5번째
쌓기나무의 수(개)	1	2	4	8	16

쌓기나무의 수는 바로 앞에 쌓은 쌓기나무 수의
2배만큼 쌓는 것이므로 6번째 모양을 쌓기 위해
필요한 쌓기나무의 수는 16+16=32(개)입
니다.

19 한 층씩 내려갈 때마다 쌓기나무가 1개씩 늘어나
고 빨간색과 파란색이 반복되는 규칙이 있습니다.
2층에는 5개의 쌓기나무가 빨간색-파란색-빨
간색-파란색-빨간색의 순서로 놓여 있고, 1층
에는 6개의 쌓기나무가 빨간색-파란색-빨간
색-파란색-빨간색-파란색의 순서로 놓여 있
습니다.
따라서 빨간색은 1+1+2+2+3+3=12(개)
이고, 파란색은 0+1+1+2+2+3=9(개)입
니다.

20 4층: 3층: 2층:

한 층씩 내려가면서 쌓기나무가 4개씩 늘어나므
로 가장 아래층에 9+4=13(개)가 필요합니다.

21 엘리베이터 안에 있는 버튼의 수는 아래로 한 칸
내려갈 때마다 1씩 커지고, 오른쪽으로 한 칸 갈
때마다 5씩 커지는 규칙이 있습니다. 따라서 8에
서 오른쪽으로 한 칸 간 곳은 8보다 5 큰 13층이
고, 13에서 아래로 한 칸 간 곳은 13보다 1 큰
14층입니다.

22 달력은 위로 한 칸 올라갈수록 7씩 작아지고, 왼
쪽으로 한 칸 갈수록 1씩 작아지는 규칙이 있습
니다.

정답과 풀이

규칙성 영역

따라서 **3 | 일**의 한 칸 위는
3 | − 7 = 24(일), **24일**의
왼쪽 칸은 **24 − | = 23(일)**
입니다. **23일**의 **3칸** 위는
23 − 7 − 7 − 7 = 2(일)이므
로 **2일**의 왼쪽 칸은 **2 − | = |(일)**입니다.

★	2	
	9	
	16	
23	24	
	31	

23 광고판의 배경색은 빨간색, 초록색의 2가지 색이
반복되고 광고 내용은 샴푸, 문제집, 족발의 3가
지가 반복되는 규칙입니다. 따라서 | |번째 광고
판의 배경색은 2가지 색이 5번 반복되고 첫 번째
색인 빨간색이고 광고 내용은 3가지 내용이 3번
반복되고 2번째 내용인 문제집입니다.

24

식판의 각 칸에 번호를 써서 규칙을 찾으면 ①에
는 항상 밥이 나오고, ②에는 미역국과 된장국이
반복하여 나옵니다. ③, ④, ⑤에는 고기, 생선, 달
걀, 야채가 번갈아 가며 3개씩 나옵니다. ④의 반
찬은 다음 날에 ③으로, ⑤의 반찬은 다음 날 ④
로, ⑤에는 전날 없던 반찬이 나오는 규칙이 있습
니다.
따라서 5일째에는 ②에는 된장국 다음인 미역국,
③에는 전날 ④에 있던 고기, ④에는 전날 ⑤에 있
던 생선, ⑤에는 전날 없던 달걀이 나옵니다.

STEP 3 코딩 유형 문제 | 132~133쪽

1 7가지

2

3 변

---

1 • 보기 •의 규칙은 **6 − | = 5**, **4 − | = 3**, **5 − 3 = 2**
와 같이 위의 두 수의 차가 아래 수가 된다는 규칙
입니다. 규칙에 따라 |부터 6까지의 수를 한 번씩
만 써넣어야 할 때, 두 수의 차가 6이 나올 수 없
으므로 6은 항상 가장 위 칸에 있어야 합니다.

6이 왼쪽에 있는 경우   6이 오른쪽에 있는 경우

6이 가운데에 있는 경우

따라서 만들 수 있는 경우는 모두 **7가지**입니다.

2 빨간색 버튼은 안쪽 도형의 크기가 커지면서 바깥
쪽과 안쪽 도형의 위치가 서로 바뀌고, 파란색 버튼
은 바깥쪽과 안쪽 도형의 색이 바뀌고, 초록색 버튼
은 안쪽 도형의 위아래가 바뀌는 규칙입니다.

따라서

이므로 □ 안에 들어갈 모양은 입니다.

3 ⬤ 버튼은 ㄱ, ㄴ, ㄷ, ㄹ……의 순서로 자음이
바뀌는 규칙이고, ▲ 버튼은 ㅏ, ㅑ, ㅓ, ㅕ……의
순서로 모음이 바뀌는 규칙입니다. 또 ✚ 버튼
은 ㄱ, ㄴ, ㄷ……의 순서로 받침이 바뀌는 규칙입
니다.
라에서 ⬤ 버튼을 누르면 '마', ▲ 버튼을 누르면
'먀', ✚ 버튼을 누르면 '막', ⬤ 버튼을 누르면
'박', ✚ 버튼을 누르면 '뱐', ▲ 버튼을 두 번 누
르면 '번'에서 '변'이 됩니다.

STEP 4 창의 영재 문제 | 134~137쪽

1

	10	
9		11

2 솔

3 초록색

4 10, 55, 70

5 10

6 36개

7 ◎

8 10

---

1 첫 번째 원은 |부터 시작하여 시계 방향으로 |씩
커집니다. 두 번째 원은 첫 번째 원에서 가장 큰
수인 3에서 시작하여 시계 방향으로 |씩 커지고
세 번째 원은 두 번째 원에서 가장 큰 수인 5에서
시작하여 |씩 커집니다.
따라서 다섯 번째 원은 네 번째 원에서 가장 큰 수
인 9에서 시작하여 시계 방향으로 |0, | |을 써
넣으면 됩니다.

2 도―레―미―파―솔―라
　　　레―미―파―솔
도―레―미―파―솔―라
　　　레―미―파―솔
도 ……

건반을 치는 순서는 도―레―미―파―솔―라―솔―파―미―레로 10개의 계이름이 반복되는 규칙입니다.
따라서 나영이가 주어진 순서와 같이 피아노 건반을 치면 215번째에는 21번 반복되고 다섯 번째와 같은 '솔'을 쳐야 합니다.

3 신호등은 빨간색, 주황색, 좌회전, 초록색 순서로 바뀌는 규칙이 있습니다. 빨간색 2분, 주황색 1분, 좌회전 1분, 초록색 2분으로 규칙이 한 번 반복될 때 6분이 걸립니다. 11분 후에는 한 번(6분) 반복하고 5분이 남습니다. 5분 동안 빨간색 2분, 주황색 1분, 좌회전 1분의 4분이 지나고 남은 1분 동안은 초록색입니다.
따라서 11분 후에 신호등은 초록색입니다.

4 먼저 오른쪽으로 한 칸 가면 15―20이므로 5씩 커지는 규칙이고, 아래쪽으로 한 칸 내려가면 20―40이므로 아래쪽으로 내려갈수록 20씩 커지는 규칙입니다.
따라서 ㉠=5+5=10,
㉡=15+20+20=55,
㉢=65+5=70입니다.

5 곱셈표에서 빨간색으로 칠해진 수의 규칙은 다음과 같습니다.

	3	
4	6	8
	9	

에서 가로와 세로의 세 수의 합 18은 한가운데 수 6의 3배입니다.
따라서 가로와 세로의 세 수의 합이 각각 30일 때 한가운데 수는 10입니다.

6 쌓기나무가 위로 한 층씩 올라가고 첫 번째는 한 층에 1개, 두 번째는 한 층에 2개씩 2층, 세 번째는 한 층에 3개씩 3층, 네 번째는 한 층에 4개씩 4층을 쌓는 규칙입니다.

따라서 다섯 번째는 그림과 같이 5개씩 5층이므로 5×5=25(개)가 필요하고 여섯 번째는 6개씩 6층이므로 6×6=36(개)가 필요합니다.

7 ◆ 상자는 4, 8, 12로 4의 단 곱셈구구의 수가 들어있습니다.
● 상자는 1, 5, 9로 4의 단 곱셈구구보다 3 작은 수이고, ▲ 상자는 4의 단 곱셈구구보다 2 작은 수, ◎ 상자는 4의 단 곱셈구구보다 1 작은 수가 들어 있는 규칙입니다.
따라서 35는 4×9=36보다 1 작은 수이므로 ◎ 상자에 들어 있습니다.

8 달력의 날짜는 오른쪽으로 한 칸 갈 때마다 1씩 커지고, 아래로 한 칸 내려갈 때마다 7씩 커집니다.
㉠=□라 하면
㉡=□+1, ㉢=□+7, ㉣=□+8입니다.
㉠+㉣=□+□+8이므로
□+□+8=12, □+□=4, □=2입니다.
따라서 가장 큰 수는 ㉣이므로 2+8=10입니다.

특강 영재원·창의융합 문제　　138쪽

9 13쌍; **예** 앞의 두 수를 더하면 뒤의 수가 되는 규칙입니다.

10 **예**

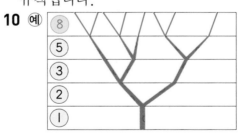

9 2달 후에는 앞의 두 수인 처음 1쌍과 1달 후 1쌍을 더하여 2쌍이 됩니다. 마찬가지로 5달 후에는 3달 후 3쌍과 4달 후 5쌍을 더하여 3+5=8(쌍)이 됩니다. 따라서 6달 후에는 4달 후 5쌍과 5달 후 8쌍을 더한 5+8=13(쌍)이 됩니다.

10 피보나치 규칙은 앞의 두 수를 더한 수가 뒤의 수가 되는 규칙이므로 세 번째는 1+2=3(개), 네 번째는 2+3=5(개)입니다. 따라서 빈칸에 그릴 가지의 수는 3+5=8(개)입니다.

Ⅶ 논리추론 문제해결 영역

STEP 1 경시 대비 문제   140~141쪽

[주제 학습 25] ⬜=2, ◯=0

1

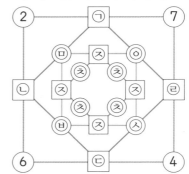

[확인 문제] [한 번 더 확인]

1-1 2, 1, 2, 8; 예 (5, 0, 5, 0), (5, 5, 5, 5), (0, 0, 0, 0)

1-2

; 3, 6, 3, 6; (3, 3, 3, 3), (0, 0, 0, 0)

2-1 예

2-2 예 20 — 17 — 3 ; 0, 0, 0, 0

1 **참고**

디피 머리 숫자를 쓸 때에는 큰 사각형 왼쪽 위 꼭짓점에서 시작하여 시계 반대 방향으로 써 나갑니다.

1-1 디피 머리는 가장 큰 사각형의 꼭짓점에 있는 수입니다. 디피 발은 실행시킨 수들이므로 디피 머리를 뺀 수들입니다.

1-2 ⬜ 안의 수: 6−3=3으로 모두 같습니다.
◯ 안의 수: 3−3=0으로 모두 같습니다.

2-1 디피 머리의 첫 번째 수 2는 사각형 왼쪽 위 꼭짓점에 쓰고 6, 4, 7을 시계 반대 방향으로 씁니다.

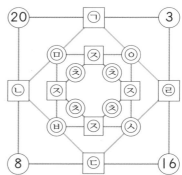

㉠=7−2=5, ㉡=6−2=4, ㉢=6−4=2,
㉣=7−4=3, ㉤=5−4=1, ㉥=4−2=2,
㉦=3−2=1, ㉧=5−3=2, ㉨=2−1=1,
㉩=1−1=0

참고

디피 판에서 가장 작은 사각형의 꼭짓점 위의 수는 모두 0이고, 두 번째로 작은 사각형의 꼭짓점 위의 수는 모두 같습니다.

2-2 디피 머리의 첫 번째 수는 사각형 왼쪽 위 꼭짓점에 쓰고 그 다음 수들은 시계 반대 방향으로 씁니다.

㉠=20−3=17, ㉡=20−8=12,
㉢=16−8=8, ㉣=16−3=13,
㉤=17−12=5, ㉥=12−8=4,
㉦=13−8=5, ㉧=17−13=4,
㉨=5−4=1, ㉩=1−1=0
디피의 마지막 발은 항상 (0, 0, 0, 0)입니다.

STEP 1 경시 **대비** 문제　142~143쪽

[주제 학습 26] (위에서부터) 2, 0

1

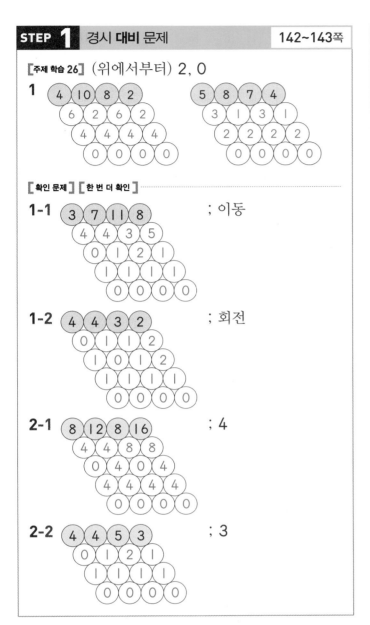

[확인 문제][한 번 더 확인]

1-1 ; 이동

1-2 ; 회전

2-1 ; 4

2-2 ; 3

1 확대: (디피 머리의 수)×2

㉠=10-4=6, ㉡=10-8=2,
㉢=8-2=6, ㉣=4-2=2,
㉤=6-2=4, ㉥=4-4=0

이동: (디피 머리의 수)+3

㉠=8-5=3, ㉡=8-7=1,
㉢=7-4=3, ㉣=5-4=1,
㉤=3-1=2, ㉥=2-2=0

[확인 문제][한 번 더 확인]

1-1 처음 디피 머리의 수 (1, 5, 9, 6)에 각각 2씩 더해서 (3, 7, 11, 8)이 되었으므로 이동 동치입니다.

1-2 디피 머리를 왼쪽으로 한 칸씩 밀었으므로 회전 동치입니다.

2-1 디피 길이는 디피 발의 수가 모두 0이 될 때까지 실행한 횟수이므로 디피 발의 개수와 같습니다. 따라서 디피 길이는 4입니다.

2-2 디피 길이는 디피 발의 수가 모두 0이 될 때까지 실행한 횟수이므로 디피 발의 개수와 같습니다. 따라서 디피 길이는 3입니다.

STEP 1 경시 **대비** 문제　144~145쪽

[주제 학습 27] 1

1 4	2 3

[확인 문제][한 번 더 확인]

1-1 6	1-2 5
2-1 3	2-2 1, 2 또는 4, 1
3-1 1, 2	3-2 2, 1

1 저울의 왼쪽에서 2는 중심에서 2만큼 떨어져 있고 2×2=4입니다. 저울의 오른쪽은 1만큼 떨어져 있고 1×□입니다. 따라서 수평이 되려면 1×□=4이므로 □=4입니다.

2 저울의 오른쪽에서 2는 중심에서 3만큼 떨어져 있으므로 3×2=6이고 저울의 왼쪽은 2만큼 떨어져 있으므로 2×□입니다.
따라서 수평이 되려면 2×□=6이므로 □=3입니다.

[확인 문제][한 번 더 확인]

1-1 양쪽 모두 저울의 중심에서 1만큼 떨어져 있으므로 □ 안에 알맞은 수는 6입니다.

1-2 양쪽 모두 저울의 중심에서 2만큼 떨어져 있으므로 □ 안에 알맞은 수는 5입니다.

2-1

저울의 왼쪽에서 1은 중심에서 2만큼, 4는 1만큼 떨어져 있으므로 $2 \times 1 = 2$, $1 \times 4 = 4$에서 $2 + 4 = 6$입니다.
저울의 오른쪽에서 □는 중심에서 2만큼 떨어져 있으므로 $2 \times □$입니다.
따라서 $2 \times □ = 6$이므로 □ = 3입니다.

2-2 저울의 왼쪽은 3은 중심에서 2만큼, 1은 1만큼 떨어져 있으므로 $2 \times 3 = 6$, $1 \times 1 = 1$에서 $6 + 1 = 7$입니다.

저울의 오른쪽에서 중심에서 가까운 곳을 ㉠, 먼 곳을 ㉡이라 하면 $1 \times ㉠ = ㉠$, $3 \times ㉡$이므로 ㉠과 $3 \times ㉡$의 합이 7이 되는 수를 구합니다.
㉡ = 1일 때 ㉠ + 3 = 7에서 ㉠ = 4입니다.
㉡ = 2일 때 ㉠ + 6 = 7에서 ㉠ = 1입니다.

3-1

㉠은 ㉡보다 중심에서 2배만큼 떨어져 있으므로 수평이 되려면 ㉠ = 1, ㉡ = 2입니다.
⇨ $1 \times 2 = 2 \times 1$

3-2

저울의 왼쪽은 $1 \times 5 = 5$이고 저울의 오른쪽은 $1 \times ㉠$과 $3 \times ㉡$의 합입니다.
㉠과 $3 \times ㉡$의 합이 5가 되어야 합니다.
㉠ = 1일 때 $3 \times ㉡ = 4$가 되는 ㉡은 없습니다.
㉠ = 2일 때 $3 \times ㉡ = 3$이므로 ㉡ = 1입니다.

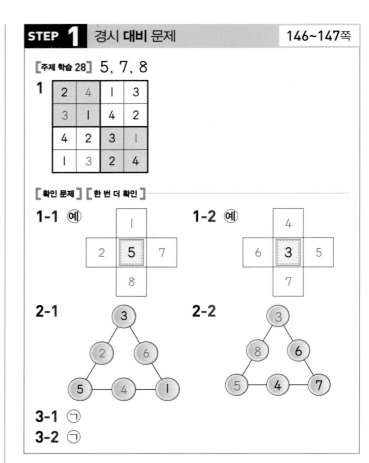

STEP 1 경시 대비 문제　　146~147쪽

[주제 학습 28] 5, 7, 8

1

2	4	1	3
3	1	4	2
4	2	3	1
1	3	2	4

[확인 문제] [한 번 더 확인]

1-1 예

1-2 예

2-1

2-2

3-1 ㉠

3-2 ㉠

1

2	㉠	1	3
㉡	1	4	2
4	2	3	㉣
1	㉢	2	4

㉠이 포함된 가로 줄에 4가 없으므로 ㉠ = 4입니다.
㉡이 포함된 가로 줄에 3이 없으므로 ㉡ = 3입니다.
㉢이 포함된 사각형 안에 3이 없으므로 ㉢ = 3입니다.
㉣이 포함된 세로 줄에 1이 없으므로 ㉣ = 1입니다.

[확인 문제] [한 번 더 확인]

1-1 주어진 수 카드를 2장씩 짝지어 합이 같게 만듭니다.

$1 + 8 = 2 + 7$이므로 1과 8, 2와 7을 마주 보는 빈칸에 써넣습니다.

1-2 주어진 수 카드를 2장씩 짝지어 합이 같게 만듭니다.

4+7=5+6이므로 4와 7, 5와 6을 마주 보는 빈칸에 써넣습니다.

2-1

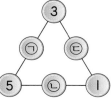

5+㉠+3=10에서 ㉠=10−8=2입니다.
5+㉡+1=10에서 ㉡=10−6=4입니다.
1+㉢+3=10에서 ㉢=10−4=6입니다.

2-2

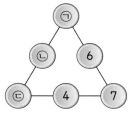

남은 수는 3, 5, 8입니다.
6+7=13, 4+7=11이므로 ㉠=3, ㉢=5를 넣으면 3+6+7=16, 5+4+7=16으로 합이 같습니다. ㉡=8을 넣으면 3+8+5=16으로 합이 모두 같아집니다.

3-1

4	1	2			6
3		㉠	6		
6		4	3	1	
	6		4		1
2	3	6	㉢	㉣	4
	4	㉡	2		

㉢=1, ㉣=5이므로 ㉢과 같은 사각형 안에 있는 ㉡에는 1이 올 수 없습니다.

3-2

3			5		6
1	5	6	4	㉢	3
6	㉠	1	3	㉡	
	3	4		6	
4	6		1		2
2		5		3	4

㉢=2이므로 ㉢과 같은 세로줄에 있는 ㉡에는 2가 올 수 없습니다.

1 예

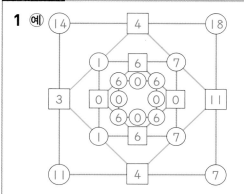

2 예

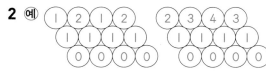

; 예 ① 디피 머리에는 같은 숫자가 있습니다.
② 디피의 첫 번째 발은 항상 같은 숫자 4개로 이루어져 있습니다.

3 예

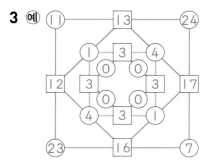

예

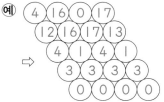

; 예 이동

4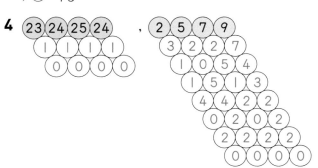

예 디피 머리의 수들의 크기가 크다고 하여 디피 길이가 긴 것은 아닙니다.

5 2, 1

6 (왼쪽에서부터) 1, 2, 5, 4 또는 2, 4, 1, 5

7 3, 3

8 수평에 ○표; 예 파란색 수는 저울의 왼쪽은 $2 \times 5 = 10$, $1 \times 2 = 2$에서 $10 + 2 = 12$이고, 오른쪽은 $3 \times 4 = 12$이므로 수평입니다. 빨간색 수는 저울의 중심에 있으므로 저울은 수평입니다.

9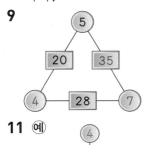

10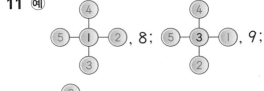

1	3	4	2
2	4	3	1
4	1	2	3
3	2	1	4

11 예  , 8; , 9;

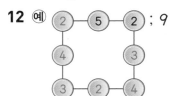 , 10

12 예 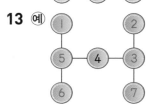 ; 9

13 예

14

4	3	2	1	6	5
5	6	1	3	4	2
3	2	6	5	1	4
1	5	4	6	2	3
2	1	5	4	3	6
6	4	3	2	5	1

1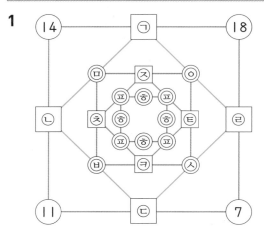

$\bigcirc = 18 - 14 = 4$, $\bigcirc = 14 - 11 = 3$,
$\bigcirc = 11 - 7 = 4$, $\bigcirc = 18 - 7 = 11$,
$\bigcirc = 4 - 3 = 1$, $\bigcirc = 4 - 3 = 1$, $\bigcirc = 11 - 4 = 7$,
$\bigcirc = 11 - 4 = 7$, $\bigcirc = 7 - 1 = 6$,
$\bigcirc = 1 - 1 = 0$, $\bigcirc = 7 - 1 = 6$,
$\bigcirc = 7 - 7 = 0$, $\bigcirc = 6 - 0 = 6$, $\bigcirc = 6 - 6 = 0$

2 2, 3, 4, 3과 같이 디피 머리에는 서로 다른 숫자 3개가 나오고 그중 한 숫자는 2번 나옵니다.

3 디피 머리 (11, 23, 7, 24)의 수에서 7을 빼어 (4, 16, 0, 17)이 되었으므로 이동 동치입니다.
이동 동치: 디피 머리의 수에서 같은 수를 빼거나 더하여 만듭니다.
확대 동치: 디피 머리의 수에 같은 수를 곱하여 만듭니다.
회전 동치: 디피 머리의 수를 왼쪽이나 오른쪽으로 밀어서 만듭니다.

4 디피 길이는 디피 머리의 수의 크기보다 수들의 차가 1이면 디피 길이가 짧습니다.

5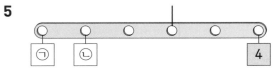

빈칸의 수를 왼쪽에서부터 차례대로 ㉠, ㉡라 하면 $3 \times ㉠$과 $2 \times ㉡$의 합이 $2 \times 4 = 8$이 되어야 합니다.
㉠ = 1, ㉡ = 1일 때 $3 + 2 = 5(\times)$
㉠ = 1, ㉡ = 2일 때 $3 + 4 = 7(\times)$
㉠ = 2, ㉡ = 1일 때 $6 + 2 = 8(\bigcirc)$

6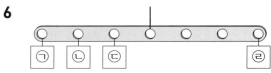

㉠ = 1, ㉣ = 5를 넣으면 저울의 왼쪽은 $3 \times 1 = 3$, $2 \times ㉡$, $1 \times ㉢$의 합이고 저울의 오른쪽은 $3 \times 5 = 15$입니다.
저울의 왼쪽에서 $2 \times ㉡$과 ㉢의 합이 12가 되는 ㉡, ㉢은 없습니다.

㉠=1, ㉣=4를 넣으면 저울의 왼쪽은
3×1=3, 2×㉡, 1×㉢의 합이고 저울의 오른
쪽은 3×4=12입니다.
저울의 왼쪽에서 2×㉡과 ㉢의 합이 9가 되는
㉡=2, ㉢=5입니다.
이와 같은 방법으로
㉠=2, ㉡=4, ㉢=1, ㉣=5도 정답입니다.

7

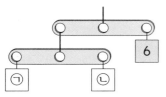

1층 저울의 빈칸은 모두 중심에서 1만큼 떨어져
있으므로 같은 수입니다.
⇨ ㉠=㉡
또 2층 저울도 모두 중심에서 1만큼 떨어져 있으
므로 왼쪽과 오른쪽의 수가 같아야 합니다.
따라서 ㉠+㉠=6이므로 ㉠=3입니다.

8 빨간색 수는 이미 수평인 저울의 중심에 놓은 것
이므로 저울은 그대로 수평을 이룹니다.

9

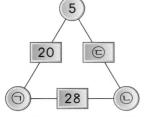

5×㉠=20이므로 ㉠=4입니다.
㉠×㉡=4×㉡=28이므로 ㉡=7입니다.
㉡×5=7×5=㉢이므로 ㉢=35입니다.

10

1	㉢	4	2
2	4	㉡	㉣
㉠	㉤	2	3
3	2	1	㉥

㉠을 포함한 세로 줄에 4가 없으므로 ㉠=4입니다.
㉡을 포함한 세로 줄에 3이 없으므로 ㉡=3입니다.
㉢을 포함한 굵은 선 안에 3이 없으므로 ㉢=3입
니다.
㉣을 포함한 가로 줄에 1이 없으므로 ㉣=1입니다.
㉤을 포함한 굵은 선 안에 1이 없으므로 ㉤=1입
니다.
㉥을 포함한 가로 줄에 4가 없으므로 ㉥=4입니다.

11 그림과 같이 마주 보는 두 수의 합이 서로 같으면
됩니다.

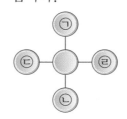

가운데에 1이 오는 경우, 남
은 숫자는 2, 3, 4, 5이고
2+5=3+4이므로 세로에
(2, 5), 가로에 (3, 4)를 넣
으면 됩니다.
가운데 수를 제외하고 마주
보는 두 수의 위치는 바뀌어도 됩니다.

12

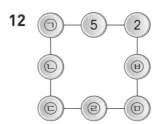

5+2=7이므로 세 수의 합은 9, 10, 11 중 하
나입니다.
세 수의 합이 11이면 ㉤+㉥=9이어야 하는데
만족하는 수는 없습니다.
세 수의 합이 10일 때에도 마찬가지이므로 세 수
의 합은 9입니다.
㉠+5+2=9, ㉠=9-7=2
㉠+㉡+㉢=9, 2+㉡+㉢=9,
㉡+㉢=9-2=7이므로 ㉡=3, ㉢=4 또는
㉡=4, ㉢=3입니다.
㉢+㉣+㉤=9, 3+㉣+㉤=9,
㉣+㉤=9-3=6이므로 ㉣=2, ㉤=4입니다.
2+㉤+㉥=9, 2+4+㉥=9,
㉥=9-6=3입니다.
이외에도 답은 여러 가지입니다.

13 가장 큰 수인 7과 두 번째로 큰 수인 6의 합은
12보다 크므로 같은 줄에 올 수 없습니다.
가장 작은 수인 1과 두 번째로 작은 수인 2의 합
은 3이므로 같은 줄에 올 수 없습니다.
6, 7과 1, 2의 위치를 정한 후 조건에 맞게 나머
지 수들을 넣습니다.

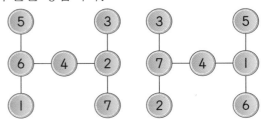

14

4	3		1		5
㉠	㉢	1	3		2
3	2		5	1	4
1	5			2	
2	1	5	4		6
6	㉡	3		5	1

㉠을 포함한 세로줄에 5가 없으므로 ㉠=5,
㉡을 포함한 같은 색 칸에 4가 없으므로 ㉡=4,
㉢을 포함한 세로줄에 6이 없으므로 ㉢=6입니
다. 나머지 칸도 이와 같은 방법으로 구합니다.

STEP **3** 코딩 유형 문제	154~155쪽

1 21

2

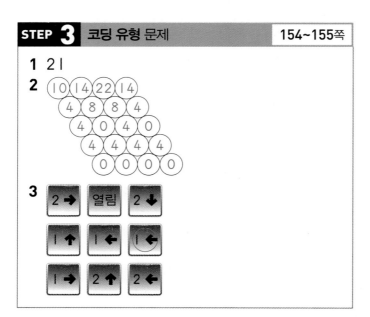

3

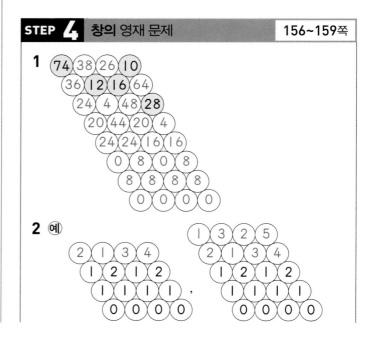

---

1 과정을 표로 나타내면 다음과 같습니다.

순서	시작	첫 번째	두 번째	세 번째
오른쪽에 쓰는 수	1	1+2	1+2+3	1+2+3+4
□의 값	1	3	6	10

순서	네 번째	다섯 번째	……
오른쪽에 쓰는 수	1+2+3 +4+5	1+2+3+4 +5+6	……
□의 값	15	21	……

다섯 번 반복했을 때 □=21이 되므로 끝 수는
21입니다.

---

2 각 기호를 하나하나 따라가도 되지만 한꺼번에 계
산하는 것이 편리합니다. 디피 머리의 수가 바뀌더
라도 회전 동치는 위치만 관련되어 있으므로 한꺼
번에 생각해도 됩니다. 회전 동치와 관련된 기호는
▲, ♥, ▲이므로 오른쪽으로 1칸, 왼쪽으로 2칸, 오
른쪽으로 1칸을 가면 제자리에 있는 것과 같습니
다. 따라서 ▲, ♥, ▲의 3개의 기호는 지울 수 있고
♣★♠★♣가 남습니다. 명령어를 연산 기호로 바
꾸어 보면 (×2 +2 +2 −3 ×2)인데 가운데
(+2 +2 −3)은 (+1)이므로 (×2 +1 ×2)이
됩니다.
따라서 디피 머리의 수는 (2, 3, 5, 3)×2 → (4, 6,
10, 6)+1 → (5, 7, 11, 7)×2 → (10, 14, 22,
14)입니다.

3

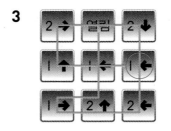

STEP **4** 창의 영재 문제	156~159쪽

1

74	38	26	10
36	12	16	64
24	4	48	28
20	44	20	4
24	24	16	16
0	8	0	8
8	8	8	8
0	0	0	0

2 예)

1	3	2	5		1	3	2	5
2	1	3	4		2	1	3	4
1	2	1	2		1	2	1	2
1	1	1	1		1	1	1	1
0	0	0	0		0	0	0	0

3 예
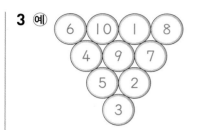

4 (왼쪽에서부터) 1, 2 ; 3

5 (위에서부터) 3, 5 ; 1, 2

6
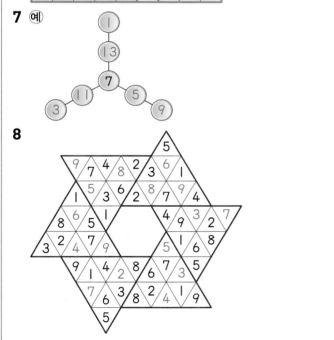

7 예

8

1

㉠=74−10=64, ㉡−10=16에서 ㉡=26,
㉢−㉡=12에서 ㉢−26=12, ㉢=38,
㉣=74−㉢에서 ㉣=74−38=36입니다.
나머지 빈 곳도 같은 방법으로 구하여 디피를 완성하면 디피 길이는 7입니다.

2
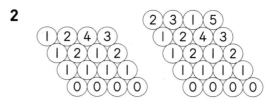

등 답은 여러 가지입니다.
디피 발의 수에 맞게 빈 곳에 알맞은 수를 써넣으면 됩니다.

3 1부터 10까지의 수 중에서 차가 10이 되는 수는 없으므로 10은 항상 첫 번째 줄에 와야 합니다.
또 가장 아래쪽에 9, 8, 7, 6이 올 경우 다음과 같이 10이 두 번째나 세 번째 줄에 오는 경우가 생깁니다.

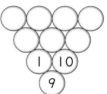

또 가장 아래쪽에 1, 2, 4, 5가 올 경우에는 수를 한 번씩만 넣어 만들 수 없습니다.
따라서 가장 아래쪽에 들어갈 수 있는 수는 3입니다.

4
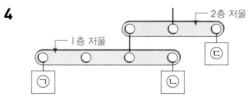

㉠은 ㉡보다 저울의 중심에서 2배만큼 멀리 떨어져 있으므로 ㉡=㉠×2입니다.
따라서 ㉠=1, ㉡=2입니다.
1층 저울이 1+2=3이고 2층 저울이 양쪽 모두 저울의 중심에서 같은 거리만큼 떨어져 있으므로 ㉢=3입니다.

5
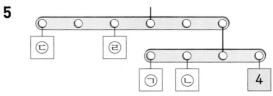

아래층 저울의 오른쪽이 1×4=4이므로 왼쪽의 합도 4가 되어야 합니다. ㉠은 ㉡보다 2배만큼 멀리 있으므로 수평이 되려면 ㉠=1, ㉡=2입니다.

아래층 수의 합은 1+2+4=7이고 저울의 중심에서 2만큼 떨어져 있으므로 윗층 저울의 오른쪽은 2×7=14입니다.

따라서 3×ⓒ과 1×ⓔ=ⓔ의 합이 14가 되어야 합니다. 남은 수가 3, 5이므로 중심에서 더 멀리 떨어진 ⓒ=3, ⓔ=5라 합니다.

3×3=9, ⓔ=5이므로 9+5=14입니다.

6

3	㉠	㉡	1	9	6	2	7	4
4	9	2	㉢	6	7	1	㉣	8
6	1		9	7	8		2	5
1	7	5		4	2	6	9	3
8	2			5	3	7	1	9
2	4	9	7	3	1	8	5	6
9	8		3	2	4	5	6	1
7	3	4	6	1	5	9	8	2
5	6		2	8	9	3		7

㉠을 포함한 세로 줄에 5가 없으므로 ㉠=5입니다.
㉡을 포함한 가로 줄에 8이 없으므로 ㉡=8입니다.
㉢, ㉣에 들어갈 수는 3, 5인데 ㉢을 포함한 같은 색의 칸에 3이 있으므로 ㉢=5, ㉣=3입니다.
나머지 칸도 이와 같은 방법으로 구합니다.

7 연속된 홀수 7개를 1, 3, 5, ⑦, 9, 11, 13이라
고 했을 때 가운데 수 7을 기준으로 (1, 13), (3, 11), (5, 9)로 짝을 지어 연결된 원 안에 써넣습니다.

8

색칠한 삼각형에서 ㉠에 들어갈 수 있는 수는 6, 8, 9입니다. ㉠을 포함한 일직선에 ⑥이 있고 끝 부분에 ⑧이 있으므로 ㉠=9입니다. ㉡을 포함한 일직선에 ⑥이 있으므로 ㉡=8, ㉢=6입니다.
나머지 부분도 이와 같은 방법으로 알맞은 수를 구합니다.

특강 영재원·창의융합 문제   160쪽

9 ⑩ 4개; ⑩ 뺄셈; ⑩ 맨 위쪽;
　⑩ 디피 판의 모양: 사각형,
　　디피의 마지막 발: (0, 0, 0, 0)

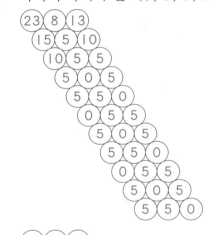

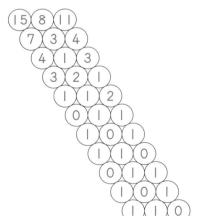

⑩ 그림과 같이 디피 머리의 수가 3개인 경우 뺄셈을 하여 디피 발이 0으로 끝나는 것이 아니라 3개의 발이 반복되어 나옵니다.

배움으로 행복한 내일을 꿈꾸는
천재교육 커뮤니티 안내 . . .

교재 안내부터 구매까지 한 번에!
천재교육 홈페이지

자사가 발행하는 참고서, 교과서에 대한 소개는 물론
도서 구매도 할 수 있습니다. 회원에게 지급되는 별을 모아
다양한 상품 응모에도 도전해 보세요!

다양한 교육 꿀팁에 깜짝 이벤트는 덤!
천재교육 인스타그램

천재교육의 새롭고 중요한 소식을 가장 먼저 접하고 싶다면?
천재교육 인스타그램 팔로우가 필수!
깜짝 이벤트도 수시로 진행되니 놓치지 마세요!

수업이 편리해지는
천재교육 ACA 사이트

오직 선생님만을 위한, 천재교육 모든 교재에 대한 정보가 담긴
아카 사이트에서는 다양한 수업자료 및 부가 자료는 물론
시험 출제에 필요한 문제도 다운로드하실 수 있습니다.

https://aca.chunjae.co.kr

천재교육을 사랑하는 샘들의 모임
천사샘

학원 강사, 공부방 선생님이시라면 누구나 가입할 수 있는 천사샘!
교재 개발 및 평가를 통해 교재 검토진으로 참여할 수 있는 기회는 물론
다양한 교사용 교재 증정 이벤트가 선생님을 기다립니다.

아이와 함께 성장하는 학부모들의 모임공간
튠맘 학습연구소

튠맘 학습연구소는 초·중등 학부모를 대상으로 다양한 이벤트와 함께
교재 리뷰 및 학습 정보를 제공하는 네이버 카페입니다.
초등학생, 중학생 자녀를 둔 학부모님이라면 튠맘 학습연구소로 오세요!

정답은
이안에
있어!

우리 아이의 실력을 정확히 점검하는 기회

40년의 역사
전국 초·중학생 213만 명의 선택

HME 학력평가
해법수학 · 해법국어

응시 학년
수학 ┃ 초등 1학년 ~ 중학 3학년
국어 ┃ 초등 1학년 ~ 초등 6학년

응시 횟수
수학 ┃ 연 2회 (6월 / 11월)
국어 ┃ 연 1회 (11월)

주최 천재교육 ┃ 주관 한국학력평가 인증연구소 ┃ 후원 서울교육대학교

*응시 날짜는 변동될 수 있으며, 더 자세한 내용은 HME 홈페이지에서 확인 바랍니다.